性格影响前途，性格决定命运

实用珍藏版

性格成败

◀ 密 码 ▶

决定人生成败的101条性格定律

中石◎编著

当代世界出版社

图书在版编目（CIP）数据

性格成败密码／中石编著．—北京：当代世界
出版社，2011.2
ISBN 978 - 7 - 5090 - 0705 - 1

Ⅰ.①性… Ⅱ.①中… Ⅲ.①性格—通俗读物
Ⅳ.①B848.6 - 49

中国版本图书馆 CIP 数据核字（2011）第 021444 号

编　　著：中　石
责任编辑：张　勇
出版发行：当代世界出版社
地　　址：北京市复兴路4号（100860）
网　　址：http：//www.worldpress.com.cn
编务电话：（010）83908400
发行电话：（010）83908410（传真）
　　　　　（010）83908408
　　　　　（010）83908409
经　　销：全国新华书店
印　　刷：北京市通州富达印刷厂
开　　本：710×1020 毫米　1/16
印　　张：18
字　　数：280 千字
版　　次：2011 年 3 月第 1 版
印　　次：2011 年 3 月第 1 次
书　　号：ISBN 978 - 7 - 5090 - 0705 - 1
定　　价：29.80 元

前　言

　　人生成败，有时仅在咫尺之间。

　　成功必有成功的原因，失败又有失败的根由。真正的成功决不是侥幸可以得到的，失败也决不是偶然。成败操纵在每个人的手里。

　　所谓失败不仅仅限于事业的失败，也包括心理情绪的失败、人际关系的失败。陷于败局而不能自拔的人，也就无法走向人生的坦途，无法走向成功的彼岸。

　　面对失败，有人会把它归因于"运气不佳"、"准备不足"等等。如果抛开各种客观因素，失败的原因显而易见：归根到底，很大程度上在于每个人与生俱来的性格。性格好比种子，它既能长成香花，也可能变成毒草。一个人性格中的微小的缺陷，都会让他付出沉重的代价。那些在事业上连遭厄运，生活中常常吃苦头、碰钉子的人，性格中往往会有一些致命的缺点，如果不加改善、不加提防，就不可避免地使自己陷入失败的沼泽。

　　英国哲学家培根曾经如是回答："性格是人生的主宰。"无独有偶，美国成功学大师拿破仑·希尔也说："性格能够成就一个人，也能够摧毁一个人。"这些并非危言耸听。性格决定命运。可敬之人必有可爱之处，可怜之人必有可恨之处。人生成败顺逆无不与性格相互关联。不同的性格，可以让人成就不世之功，也可以让人功败垂成。

　　揭开那些成功人士辉煌的面纱，我们就能够发现，他们中间的大多数都是拥有着良好性格的人，这些良好的性格因素，在潜移默化中，一点一滴地造就了他们的成功。

　　成也性格，败也性格。因此，打造好性格就不能不成为我们生命的重中之重。无数人的经验证明：克服性格中的劣势，发挥性格中的优势，运用性格的力量，能彻底改变个人的人生。

　　本书分为成败玄机篇、处世金律篇、事业运程篇、人生历练篇，从多个角度，对影响我们一生成败的性格特质进行深入挖掘和全面阐述，剖析优良性格的积极作用和缺陷性格的负面影响，总结出100多条性格成败规律，遵循这些规律行事，你将无往而不利；无视或违背这些规律，你可能得意于一时一事，但更多的将是四处碰壁，说不定要栽大跟头。

　　通过本书，读者可以识别自己的性格特征，发现自己性格中的优点和弱点，运用性格的力量改变自己的命运，减少失败和痛苦，创造和谐圆满的人生，获得成功和幸福。

目　录
CONTENTS

成败玄机篇

第一章　性格是人一生命运的主宰

　　有了健康的性格，才能享有健康的人生。人生的许多不幸，许多疾患都与性格息息相关。

　　并不是所有的成功都会来自于智力，更重要的是，你要发现自己的不足，让你的性格和情绪得以完善。

　　我们常常把失败的原因归咎于别人，其实很多问题都是出在自己身上，很多麻烦都是自找的。

　　心理学家认为，一个人是否能够取得卓越的成就，智商只有20%的决定作用，其余的80%来自"情感智慧"。

第二章　成败之间，拿得起也放得下

第三章　成败定律：可怜之人必有可恨之处

处世金律篇

第四章　魅力就是影响力，好性格带来好人缘

社会交往更加轻松愉快，从而利于事情的成功。

第五章　别让性格成为人际麻烦的制造者

古往今来，不计前嫌、化敌为友的佳话举不胜举。以古为鉴
可以让我们明白事理，明辨是非，把握前途。

你既没有足够的精力与时间跟他周旋到底，以牙还牙，看看
鹿死谁手，又不愿与这种人纠缠下去，以免降低人格。面对这种
矛盾的情形，什么才是最明智的处理方法？

比较圆滑、世故的人，甚至包括那些吹牛拍马、两面三刀的
人，都是一些善于保护自己的人。他们对自己看得比别人要重得
多，所以在交往过程中穿上了重重的铠甲。

如果我们每个人都善于和各种不同性格的人交往，人与人之
间就会减少一些疙瘩，大家相处得就会更加融洽，工作起来就能
相互协调。

在当今的复杂社会里，掌握和谐，创造和谐是相当重要的，
因为这是你最常生活的领域。

第六章　刚柔并济做人，能方能圆处世

常言道：识时务者方为俊杰。所谓俊杰，并非专指那些纵横
驰骋如入无人之境、冲锋陷阵无坚不摧的英雄，而且应当包括那
些看准时局、能屈能伸的聪明者。

流言蜚语也好，棍子帽子也好，在一个大气候相对稳定的形势下，作用十分有限，可能起的是反作用。你见怪不怪，其怪自败。

事业运程篇

第七章　方圆性格，成就智者的事业

第八章　三分失败天注定，七分成功靠打拼

第九章　生意人必备的性格特质

备条件。

人生历练篇

第十章　人要驾驭性格，不要被性格操弄

第十一章　天命不可违，性格能打磨

第十二章　性格有弹性，轻松做自己

凡事不可认死理，大事聪明，小事糊涂，难以下结论、难以辩是非的东西，采取一种不置可否的态度，既是一种智慧，也是一种品德。

第一章

性格是人一生命运的主宰

不要被一时一事的失败打垮

改掉躲避困难的性格习惯

做人要驾驭自己的优缺点

成功者最常见的五大性格特质

今日之因，就是明日之果

智力不是人生成败的惟一因素

改变命运从改变性格开始

改变命运从改变性格开始

　　有了健康的性格，才能享有健康的人生。人生的许多不幸，
许多疾患都与性格息息相关。

　　如果你想改变你的世界，创造你的辉煌，就必须改变你的不良性格。

　　一天，一个牧师正在准备讲道的稿子，他的小儿子却在一边吵闹不
休。牧师无奈，便随手拾起一本旧杂志，把夹在里面的一幅世界地图，扯
成碎片，丢在地上，说道："小约翰，如果你能拼好这张地图，我就奖
励你。"

　　牧师以为这样会使小约翰花费上午的大部分时间，不会再来影响他的
工作。但是没过10分钟，儿子就来敲他的房门。牧师看到小约翰手里拿着
拼好的地图，感到十分惊奇："孩子，你是怎么拼好的？"

　　小约翰说："这很容易，在另一面有一个人的照片，我就把这个人的
照片拼到一起，然后把它翻过来。我想如果这个人是正确的，那么，这个
世界也就是正确的。"牧师给儿子奖励了2角5分钱，满意地说："你替我
准备了明天讲道的题目：如果一个人是正确的，他的世界也就会是正
确的。"

　　这个故事虽小，却道出了人生的一个真谛。所谓一个人的正确，除了
正确的人生观和世界观，还包括人的良好性格。如果你的性格是健康的，
你的人生也会是快乐的、幸福的；如果你的性格是病态的，那么你的人生
也会是痛苦的。

　　人生的悲剧归根到底是性格的悲剧。《三国演义》里的关羽，过五关，
斩六将，英勇无敌，但因性格刚愎傲慢，终于败走麦城而死。俄国作家果
戈理长篇小说《死魂灵》里有个泼留希金，他的家财堆积得腐烂发霉，可
是贪婪、吝啬的性格促使他每天上街拾破烂，过乞丐般的生活。在现实生
活里，性格的悲剧更是屡见不鲜。青年诗人顾城制造的惨绝人寰的悲剧，

就是一个典型的例子。他杀妻灭子后自戕其身，就是因性格孤僻，心胸狭窄，而最后发展到畸变、扭曲、精神崩溃。

性格与人的健康关系十分密切。《红楼梦》里才貌双全的林黛玉，就是因其性格多愁善感，忧郁猜疑，终于积郁成疾，呕血而死。《三国演义》里的周瑜是东吴的大都督，人们说他是活活被诸葛亮给气死的。话说回来，如果身经百战的周瑜具有良好的性格，诸葛亮就是有天大的本事也气不死他。现代医学证实，那些抑郁症和精神分裂症患者，大多是性格孤僻，不适应社会生活所致；有些高血压、心脏病患者与性格暴躁，易于动怒有关。

不良的性格能给人带来悲剧，而良好的性格会给人带来人生的辉煌。当代杰出的女作家冰心，一生淡泊名利，生活上崇尚简朴，不奢求过高的物质享受。文坛上有的斗争，与她无关，她在平和的环境中与人相处，在微笑中勤奋写作。她的健康长寿，事业辉煌都得益于开朗、豁达的性格。苏格拉底是一位具有良好性格的伟大哲人，他的妻子心胸狭窄，整天唠叨不休，动辄破口骂人。一次，她大发雷霆后，又向苏格拉底头上泼了一盆冷水，苏格拉底满不在乎地说："雷鸣之后，免不了一场大雨。"试想，要是遇上别人，不被这位恶妇气死，也会患上精神分裂症。苏格拉底为什么要娶这样的恶婆？据说，他是为了净化自己的精神，磨练自己豁达大度的性格。

有人说："江山易改，本性难移。"其实这话只说对了一半。人的本性是比较难改变的，但并不是不能改变。人的性格的形成，有先天遗传因素，但更多的是后天环境的影响。印度发现的狼孩子，从小在狼群里生活，长大后就自然具有狼的野性行为。

人的良好性格，大都是由于各种各样的无形的影响所塑造而成的。居里夫人说："我并非生来就是一个性情温和的人。许多像我一样敏感的人，甚至受了一言半语的呵责，便会过分的懊恼。"她说，她受丈夫居里温和性格的影响，也学会了逆来顺受。她确信，一个具有良好性格的丈夫会在不知不觉中影响和提高妻子的心灵品性。据居里夫人自己介绍，她还从日常种种琐事，如栽花、种树、建筑、朗诵诗歌、眺望星辰中，培养出一种沉静的性格。我国赫赫有名的民族英雄林则徐为了改掉自己急躁的性格，容易发怒的脾气，曾在书房醒目处挂起自己亲笔书写的"制怒"的横匾，以此自警自戒，陶冶自己的情操。最受美国人尊敬的班杰明·富兰克林不仅对美国的独立战争和科学发明有过重大的贡献，还因为他有很强的自我意识能力和良好的性格，给后人树立了光辉的榜样。有人曾批评富兰克林主观骄傲，他认真反思后，给自己立下了一条规矩：决不正面反对别人的意见，也不准自己武断行事。他还给自己提出了具体改正的要求。他说："今后我不准许自己在文字或语言上措辞太肯定，我不说。'当然'、'无'等，而改用'我想'、'我假设'或'我想像'。当别人陈述一件我不以为然的事时，我决不立刻驳斥他，或立即指正他的错误，我听完陈述后会在回答的时候说，'你的意见没有错，但在目前情况下，还需要再斟酌。'"富兰克林就是用这种方法克服自己性格中的缺陷，这也正是他成功的一个秘诀。

有了健康的性格，才能享有健康的人生。人生的许多不幸，许多疾患都与性格息息相关。人虽然不能控制先天的遗传因素，但有能力掌握和改变自己的性格。因为人可以自己拯救自己，自己塑造自己，自己光扬自己，自己驾驭自己。

智力不是人生成败的惟一因素

并不是所有的成功都会来自于智力，更重要的是，你要发现自己的不足，让你的性格和情绪得以完善。

有着聪明过人的大脑绝对是一件值得高兴的事情，因为智力确实在成功的过程中起着不可替代的作用。然而，许多智商高的人却仍然在生活的底层苦苦跋涉，这又是为何呢？那是因为他们没有意识到情商在一个人成功路上的重要性。

10年前的莫奈就是这些人当中的一个。

那时，莫奈还只是一个汽车修理工，当时的处境离他的理想差得很远。一次，他在报纸上看到一则招聘广告，休斯敦一家飞机制造公司正向全国广纳贤才。他决定前去一试，希望幸运会降临到自己的头上。

他到达休斯敦时已是晚上，面试就在第二天进行。

吃过晚饭，莫奈独自坐在旅馆的房间中陷入了沉思。他想了很多，自己多年的经历历历在目，一种莫名的惆怅涌上心头：我并不是一个低智商的人，为什么我老是这么没有出息？

他取出纸笔，记下几位认识多年的朋友的名字，其中两位曾是他以前的邻居，他们已经搬到高级住宅区去了。

另外两位是他以前的同学，他扪心自问，和这四个人比，除了工作比他们差以外，自己似乎没有什么地方不如他们。论聪明才智，他们实在不比自己强。

最后，他发现，和这些人相比，自己分明缺乏一个特别的成功条件，那就是性格情绪经常对自己产生不良影响。

城市里的钟声已敲了三下，已是凌晨3点钟。但是，莫奈的思绪却出奇地清楚。他第一次看清了自己的缺点，发现了自己过去很多时候不能控制的情绪，比如爱冲动、遇事从不冷静，甚至有些自卑，不能与更多的人交往等。

整个晚上他就坐在那儿检讨，他发现自己从懂事以来，就是一个缺乏自信、妄自菲薄、不思进取、得过且过的人。他总认为自己无法成功，却从不想办法去改变性格上的弱点。

同时他发现，自己一直在自贬身价，从过去所做的每一件事就可以看出，自己几乎成了失落、忧虑而又无奈的代名词。

于是，莫奈痛定思痛，做出一个令自己都很吃惊的决定：从今往后，决不允许自己再有不如别人的想法，一定要控制自己的情绪，全面改善自己的性格，塑造一个全新的自我。

第二天早晨，莫奈一身轻松，像换了一个人似的，怀着新增的自信前去面试，很快，他被顺利地录用了。

莫奈心里很清楚，他之所以能得到这份工作，就是因为自己的醒悟，因为对自己有了一份坚定的自信。

两年后，莫奈在所属的组织和行业内建立起了名声，人人都知道，他是一个乐观、机智、主动、关心别人的人。

在公司里，他不断得到升迁，成为公司所倚重的人物。即使在经济不景气时期，他仍是同业中少数可以做到生意的人。几年后，公司重组，分给了莫奈可观的股份。

EQ 较高的人在人生各个领域都比较容易占优势，无论是谈恋爱、人际关系或是理解办公室政治中不成文的游戏规则，成功的机会都比较大。此外，情感能力较佳的人通常对生活较满意，较能维持积极的人生态度。反之，情感生活失控的人必须花数倍的心力与内心交战，从而削弱了他的实际能力与清晰的思考力。所以并不是所有的成功都会来自于智力，更重要的是，你要发现自己的不足，让你的性格和情绪得以完善。

今日之因，就是明日之果

我们常常把失败的原因归咎于别人，其实很多问题都是出在自己身上，很多麻烦都是自找的。

你一定听过"自讨苦吃"、"自找麻烦"、"搬起石头砸自己的脚"、"自作孽，不可活"等等诸如此类的话，这些都是在描述一个人所犯的错误，结果把自己逼往失败的境地。

仔细想想，包括我们在内的每一个人，一不小心好像难免都会犯以上的错误，只不过是程度严重与否的问题。无怪乎有句话形容："自己才是自己最大的敌人"，因为我们总是不断地用各种方法"迫害"自己。

心理学家分析指出，其实，在我们每一个人的内心深处，多少都隐藏了一些"自毁"的倾向，这种内在情绪的冲动常常会驱使一个人做出危及自己的行为。譬如，有人整天絮絮叨叨，看什么事都不顺眼，动不动就抱怨这个抱怨那个，好像所有的人都做了对不起他的事；还有的人，生活漫无目标，整日无所事事，只会嫉妒别人的成就，自怨自艾为什么好运永远不会落在他的头上。此外，还有的人嗜酒如命、沉于药物、好财成性、饮食不知节制、消费成癖、纵情声色等等，这些都称得上是自毁行为。

我们常常把失败的原因归咎于别人，其实很多问题都是出在自己身上，很多麻烦都是自找的。每一个人在先天性格上都有一些缺陷，只是我们不愿承认失败是出于自己的缺点，这种"不愿当输家"的防卫心理很容易让人理解，但如果我们对自己的缺点浑然不觉或者不知反省，结果就会把自己一步一步推向输家的角色。

美国心理学家安德鲁·J·杜柏林就提出警告，如果你出现了下列症状，而且病况严重，你就注定要成为输家。

（1）活在自欺当中。这种人只知道活在过去，死抱着以前做事、生活的方式不放，而没有心思注意眼前的事实。

（2）不断地仰赖别人的掌声或赞许才能生存，以克服内心深处的自卑感。

（3）马失前蹄。在压力愈大的时候，表现愈不理想，变得非常紧张，放不开。

（4）虎头蛇尾。做任何事从来不坚持到底，也不够专注，总是找借口减轻责任。

（5）轻诺背信。动不动就撒手走人，留了一堆烂摊子让别人收拾残局。

（6）单打独斗。喜好做独行侠，一碰上团队合作就束手无策，心生抗拒。

（7）嫉妒心重。见不得别人比自己好，动不动就吃醋。

（8）自制力差。按捺不住内心的冲动，而且老是故态复萌。

（9）逃避问题。习惯当鸵鸟，不论任何大小问题，一概熟视无睹，埋头不理。

（10）渴望被别人喜爱，而且不计代价地处处讨好别人。

（11）恩将仇报。对有恩于你的人不知感激，甚至反咬对方一口。

"生命的脚本可由演出者的主观意志加以改变"，杜柏林认为，每个人天生的性格固然会影响他的行为模式，但即使你的输家脚本是与生俱来的，你也可以决定不再依赖这种脚本过日子。问题是，你愿不愿意正视你的缺陷，改变你的自毁行为，不再继续自讨苦吃。

想要不再与自己为敌，并且停止迫害自己，就要找出和解的方法。当然，你要革除多年的自毁习惯，绝非一蹴可成，必须持之以恒的努力。重要的是，当你一点一滴慢慢铲除这些障碍的时候，你就会发现：你已经不再是自己最大的敌人而是你最好的朋友。

成功者最常见的五大性格特质

心理学家认为，一个人是否能够取得卓越的成就，智商只有20%的决定作用，其余的80%来自"情感智慧"。

所谓情感智慧，就是指一个人自我觉察、驾驭心情、自我激发、控制冲动、人际交往等一系列能力的综合。

1. 成功人士大都有自知之明，对不良心态能够自我觉察

自我觉察是情感智慧的主要成分。对自己的情绪了解得比较清楚，比较善于驾驭自己的人生。要培养自我觉察的能力。有时我们遇到了不如意的事，懊恼了很长时间，自己也许不知道自己急躁不安，直至有人提醒，才惊然发觉。要是能觉察到自己的反应，就能尽早控制自己的情绪。情绪上自我觉察的能力是培养情感智慧的另一个要素，那就是：赶走坏心情。

2. 成功人士都能够驾驭自己的心情

好心情能为生活增添趣味，关键是必须保持平衡。我们情绪激动时，往往不能自制。走在马路上，有人踩了你的脚，没一句道歉话，拔腿就走，你此时可能因此失去理智，破口大骂对方，甚至大打出手。怎样才能使自己息怒呢？比较有效的方法是"重新评断"，即自觉地用比较积极的角度去重新看待这件事。就以那个踩了你的脚的行人为例，你可以告诉自己："他也许有急事。"另一个方法是"转移心思"，如果你气得已无法清醒地思考，应立即冷静头脑，可以去散散步、聊聊天，把心思转移到别的事情上去。

3. 成功人士在关键时刻都能够激发自己

有目的性地自我激发，是争取成就所必需的。要激发自己去争取成就，首先要有明确的目标以及"天下无难事"的乐观态度。心理学家建议一家保险公司雇用了一批才能测验成绩平平、但非常乐观的求职者，然后拿他们和那些在才能测验中成绩平平，却非常悲观的保险推销员互相比较。结果发现，乐观组的第一年业绩比悲观组高21％，第二年竟高出57％。悲观的人遭人拒绝时，可能自怨自艾："我是个失败者，会一辈子都做不成一宗买卖。"乐观的人则会这样自我开解："也许我用错了方法。"或是"碰巧那天顾客心情不好。"乐观的人把失败归咎于客观环境而不是自己，从而激励自己继续努力。

4. 成功的人都能够控制冲动，理智对待现实

能否自我调节情绪的一个要素，是要看能否抑制冲动。研究人员在一所幼儿园做过一次著名的试验，证明这种能力对成功的重要性。在实验中，研究人员告诉小朋友，他们可以立即拿走一粒软糖，但如果等研究人员做完一些事情，就可以拿两粒。有些小朋友立即就拿了，其余的却在那里等了对他们来说漫长的20分钟。为了帮助自己抑制冲动，有些孩子闭上眼睛不看眼前的诱惑，有些把头枕在手臂上，或者自言自语、或者唱歌、甚至睡觉。这些坚强的孩子得到了两粒软糖。这项实验更让人感兴趣的部分是后来的后续调查。那些4岁时就能为了达到目标，等待20分钟的人，到了少年时，同样能够为了达到目标而暂时压抑心中的喜好。他们待人处事比较成熟、果断，也比较善于战胜人间挫折。相反，那些急忙拿一粒糖的孩子到了青少年阶段，大多比较偏执、优柔寡断和容易紧张。抑制冲动的能力是可以锻炼出来的，面对诱惑时要提醒自己不要忘记你的长远目标，这就比较容易了。

5. 成功人士都有良好的人际关系

与同事、朋友相处，鉴貌辨色、善解人意是很重要的。我们经常在几乎不知不觉中传送或接收情绪信号，例如有人对你说"谢谢你"，从他的态度，你当然会觉到他是真正感激你，还是在怨你、打发你走。我们越善于从另一个人发出的信号中辨别出这个人的感觉，便越能控制自己发出的信号。美国的心理学家做过实验，证明了实际生活中的人际关系技巧多

么重要。科学家在学术智商测验中得分高，可是他们之中有些人出类拔萃，有些人却碌碌无为。研究表明，那些表现突出的科学家的人际关系良好，交流广泛。他们平时已经建立了可靠的关系网，在技术遇到困难时，打电话向各方面学术专家求助，总是很快就有回答；而那些表现平庸的人遇到技术难题时，临时抱佛脚，打电话求助很少有回音，徒然浪费时间。

做人要驾驭自己的优缺点

> 优点越多的人，成功的可能性越大，缺点越多的人，则越不易成功！可是事实又不尽如此，现实生活中，我们不难发现一些优秀之辈抑郁潦倒，而也有不少平庸之辈表现不凡。

每个人都是一个独立的自我，每个人都有自己的优点和缺点，世上绝对没有十全十美之人，但一个人如果能了解自己的优点和缺点，以及这些优点和缺点在不同时空对你所具有的意义，那就差不多接近十全十美了。

人的优缺点有些是与生俱来、无法改变的，有些则是因后天环境诱发、影响所致；有的则与性格无关，纯粹是一种外在条件，例如美与丑。

无论你愿不愿意，你的优缺点都将始终伴随着你，甚至跟随你一辈子，影响并决定着别人对你的态度，成为你在现实生活中求得生存的助力或阻力。

按理来讲，一个人的优点对其求生应该起到一种帮助作用，缺点则应成为一种阻力。因此，优点越多的人，成功的可能性越大，缺点越多的人，则越不易成功！可是事实又不尽如此，现实生活中，我们不难发现一些优秀之辈抑郁潦倒，而也有不少平庸之辈表现不凡。现实之所以如此，主要有以下几方面的原因：

1. 优缺点的种类与本质。也就是说，有些人虽然优点不少，却存在着致命的缺点，这种缺点会破坏甚至毁灭其他优点所创造的成果，优秀人才的堕落潦倒大都因为如此；平庸的人缺点虽多，但若这些缺点不具彻底的破坏性，而优点又具有建设性，那么这种人的成功自可预期。

2. 机遇。一个人的成功离不开机遇，机遇影响着一个人的转折，这些转折有好有坏，至于好坏则看机遇与你的优缺点的关系。换句话说，机遇与人的优点结合，则有好的转折，若与人的缺点联系在一起，则有不好的转折。

但必须认识到一点：一个人优缺点的本质很难加以改变，机遇也不是人能够完全把握的，但一个理性、冷静的人应该可以做到——驾驭自己的优缺点，而不让优缺点主宰自己！

我们之所以强调"驾驭"二字，是因为人的优缺点在不同的时空会产生变异，改变一种时空，优点可能不再成其为优点，而缺点反而变成优点了！因此人要充分了解自己的优缺点，尤其重要的是，要了解这些优缺点的价值及存在条件，有了这些了解，还要诚实地去面对它们，不可有一厢情愿和逃避现实的想法，然后才能自由地"驾驭"这些优缺点。

那么我们应该如何驾驭自己的优缺点呢？这里有两点建议：

1. 根据不同环境，灵活运用自己的优缺点。尽量以自己的优点来应对客观环境，当环境发生转变，并且直逼你的缺点时，你也不必逃避，应首先思考一下二者之间的关系，因为有时候你的缺点反而在这个时候成为优点，如果没有这个可能，就要考虑回避了。

2. 以优补缺、以缺护缺。前者是在无法回避时的补救措施，避免一直处于挨打的地位；后者则是为了模糊你自己，避免成为被攻击的目标，并且降低别人对你的戒心，因为你让他们看到了你的缺点！

以上两点看起来似乎容易，不过要真正做到却是很困难的。但你总要试着去做，因为生存是一个很现实的问题！

改掉躲避困难的性格习惯

如果你一旦失败，悲观低沉，一蹶不振，那么，你在下一次竞争中会再次名落孙山，那就真的永无出头之日了。

14世纪蒙古皇帝莫卧儿在一次战役中大败，自己蜷缩在一个废弃马房的食槽里，垂头丧气。这时，他看到一只蚂蚁拖着半粒玉米，在一堵垂直的墙上艰难地爬行。玉米比蚂蚁的身体大许多，蚂蚁爬了69次，每次都掉下来。当他尝试第70次时，蚂蚁终于拖着玉米爬上墙头。莫卧儿大叫一声跳起来！蚂蚁尚能如此，我为什么不？莫卧儿终于重整旗鼓，打败了敌人。

现实生活中，为什么那么多人在困难面前低头，不能够像莫卧儿一样最终取得成功呢？经过研究，心理学家发现，以下几点常常是阻碍一个人成功的原因：

1. 热情不足

黑格尔说："没有热情，世界上没有一件伟大的事能完成。"美国的《管理世界》杂志曾进行过一项调查，他们采访了两组人，第一组是高水平的人事经理和高级管理人员，第二组是商业学校的毕业生。

他们询问这两组人，什么品质最能帮助一个人获得成功，两组人的共同回答是"热情"。

热情高于事业，就像火柴高于汽油。一桶再纯的汽油，如果没有一根小小的火柴将它点燃，无论它质量再怎么好也不会发出半点光，放出一丝热。而热情就像火柴，它能把你具备的多项能力和优势充分地发挥出来，给你的事业带来巨大的动力。

试想，一个没有热情的领导，整天无精打采，没有丝毫的朝气，那么，他的职员也会因此而失去工作的兴趣，当大部分职员都没了工作热情时，领导再怎么努力地去工作也会于事无补，只能眼睁睁地看着自己的单位垮掉。有许多出色的领导者，都是凭了一股对事业的执著与热情，历尽艰辛，最后才取得成功的。

有一个哲人曾经说过："要成就一项伟大的事业，你必须具有一种原动力——热情。"

英国的乔治·埃尔伯特指出：所谓热情，就像发电机一般能使电灯发光、机器运转的一种能量；它能驱动人、引导人奔向光明的前程，能激励人去唤醒沉睡的潜能、才干和活力；它是一股朝着目标前进的动力，也是从心灵内部迸发出来的一种力量。

蒸汽火车头为了随时产生动力，即使停放在车库中时，也必须不断加燃料，让锅炉中的煤炭始终处于燃烧状态。人也同样如此，他必须始终保持着旺盛的热情。甘·巴卡拉曾说过："不管任何人都会拥有热情，所不同的是，有的人热情只能维持30分钟，有的人热情能够保持30天，但是一个成功的人，却能让热情持续30年。"

当你的脚踩上加速器时，汽车便会马上产生一股动力，向前行驶。而热情也理应如此。因此，你必须牢记：

热情是动力；

思想是加速器；

而你的心就是加油站。

2. 适应能力差

适应性关系到一个人处理压力的能力，这是因为人的压力主要发生在他进行转变或改革的时候。成功者不仅有能力去适应转变，而且能促进转变。

这个本质的本质，就是参加冒险的能力。高水平的成功者知道，转变与冒险是相互伴随的，对成功者来说，顺时地转变不仅是需要的，而且往往是必不可少的。因而一个人如果要想获得成功，就一定要能够适应这种转折性变化。

3. 缺乏自信，情绪悲观

独木桥的那边是结满硕果的果园，自信的人大胆地走过去采摘自己喜爱的果子，而缺乏自信的人却在原地犹豫：我是否能走过去？而果实，早已被大胆行动的人采光了。

自己都信不过自己，别人怎么能相信你？任何一个成功者都充满自信。强烈的自信心，能鼓舞自己的士气，在许多时候会取得意想不到的效果。

美国政坛巨头哈瓦·法勒斯曾经说过："对一个企业来说，一个政府部门来说，乐观和热情就像克服摩擦的润滑剂一样。乐观能使人对新的选择或方案保持开放，能够使人以一种愉快的心情和积极心态来看待和处理他所面对的事情。"

相反，情绪悲观，则让人始终沉浸在郁闷、消极的心境里，不能正确对待新的挑战。

在你合作的群体里，每个人的能力不会相差得太悬殊，每个人的机遇也是大致均等的。因此，在你合作的群体里，你总想能取得竞争的胜利，占据竞争的优势，这个想法是不太正确的，也是不太现实的。

你和你那合作伙伴中的任何人一样，既有在合作中竞争胜利的可能，也有失败的可能，胜利了，固然可喜可贺，但失败了，一定要想得开。你必须明白：阳光不可能每时每刻都照耀着你，而不去照顾一下别人，每个人都会经历到竞争失败的结果，即使失败了，自己的情绪也应该乐观，不要始终沉浸在悲观之中，好像觉得自己永无出头之日一样。

你如果在你合作的竞争中被对手打败，你不妨笑着面对现实，并且向你的合作者兼竞争者表示友好和祝贺，这既能在你的合作者中显示出大将风度，又能增添自己战胜失败的信心。

你在一次竞争中失败了，并不意味着你以后每一次竞争都会失败。你在失败后，在保持乐观情绪的情况下，认真总结经验，分析自己失败的原因，你的竞争对手获胜的原因，那么在下一次较量中你很有可能尝到胜利的滋味，把失败的痛苦留给了你的竞争者。

相反，如果你一旦失败，悲观低沉，一蹶不振，那么，你在下一次竞争中会再次名落孙山，那就真的永无出头之日了。

4. 三心二意

无论做任何事，"三心二意"都是一大障碍，不把全部精力集中在你要做的事情上，而去想其他无关紧要的事情，心猿意马，难免会在你想的事上分散精力。而一个人的精力是有限的，没有足够的精力投入到事业上去，那么这项事业肯定是要失败的。专心致志的人总是受到人们的欢迎，他的事业往往也会比三心二意的人成功的机会大。

把你的意志集中于现在时刻，就会大大加强你自己的能力，就如同激光的强力在于集中一样，假如你能专心致志于你现在正在进行的事业上，你将变得更有效率。

5. 意志不坚定

大多数的成功者之所以能够成功，就在于他们始终如一地在自己的事业上坚持下来。

美国社会学家特莱克考察了他所遇到的所有企业家，发现他们具备一个共同点：那就是坚忍不拔的精神。

成功取决于坚持不懈的探索，正如曼迪诺所说："在道路的每个拐弯、曲折的地方，我们必须坚持住，因为绕过了一个拐弯、下一个曲折，可能就是我们竞争的目标。"

不要被一时一事的失败打垮

> 一个人命运的好坏，并非天生注定，也不能被别人操纵。一个人一生不可能永远幸运，也不可能永远被厄运纠缠。

在普通情形下，失败一词是消极的，但对于成功者而言，失败和成功并非泾渭分明，失败是成功之母，成功是失败之子。看似是失败的，也许是成功的；看似是成功的，也许是失败的；失败之中也许蕴含着成功，成功之中也许蕴含着失败。

何谓失败？

说得通俗一点，失败就是：一个策划的方案，由于种种原因没有付诸实施；一个预期的目标，因为时间的耽搁而没有达到；一种分解的试验，在具体操作过程中发生了错误，使之无法进行下去；一项紧张的比赛，被对手战胜。这几个例子，都可以称为失败。

不用多说，失败使人沮丧，使人丧失勇气，严重者一蹶不振。这是从消极方面说。从积极方面说，失败会催人奋起，会激起人更大的决心和能力，从而实现更加辉煌的成就。

关于失败，我们要有正确的认知方式和强大的心理、肉体承受力量。

很小的时候，我们很少听说过失败是向成功跨近的一步。我们的父母很少懂得，失败是成功过程的组成部分，挫折是成功当中不可缺少的成分。

有关失败的话题，应该让孩子在小时候就去认识它，老师和家长告诉他们，失败是生活的一个组成部分。当孩子失败时，去爱护他（她），这样做是对他（她）真正的爱。基于这种爱，孩子在将来，才会成为男子汉或女中豪杰。由于早先正确认识了失败，因此，不论遇到什么样的挫折和困难，都不能击垮他们。

家庭、社会，许多事许多人，常常不尽如人意。不凑巧的事、倒霉的事、煞风景的事，构成了生活画面中不调和的经纬线，组合成生活中不和谐的音符。一个人只有一个心胸，只有一个思想，这些板块、音响、光色，不想看到也得看，不想理它也得理。忧愁也好，快乐也好，无可奈何、听之任之也好，置之不理、耿耿于怀也好，它们都在你的眼前，在你的生活中，在你一生的点点滴滴中。

现代人生活在紧张的竞争氛围中，生活在不良的环境里，应首先学会超脱，学会自寻快乐，才能保持良好的心态，轻松愉快地生活。这样做，首先得排解一切挥之不去的阴影，才能走出怨叹的怪圈。哀叹命运的不公，怨叹自己天生命不好，在摇首叹息之际，也就将命运交给了别人，怪谁呢？

古人在经历了人生的坎坷之后，得出了"生死有命，富贵在天"的结论。但应当知道，一个人命运的好坏，并非天生注定，也不能被别人操纵。一个人一生不可能永远幸运，也不可能永远被厄运纠缠。要相信，命运由我们自己创造，命运掌握在我们每个人手中。

人生的旅途上，如果你奋斗了、努力了、拼搏了，但你依然屡遭挫折、连栽跟头，也不用抱怨命运的不公，而是要理智地接受和承认现实，并进一步分析遭到挫折和失败的原因，进而改变现状，改变命运，这才是成功的选择。

当我们动手去做一件事情，如果认为自己永远不会失误的话，这是不切实际的。我们至少在某个方面一定会有失败之处，毕竟，失败是进取过程中的一个重要组成部分。在尝试一件新事物的时候，要坚持下来，请不要忘记下面这个取得成功的组合式：

失败——再做一些努力；

失败——坚持下去，对自己宽厚些；

失败——继续干，直到成功。

成功者能成功，就主要在于他把失败当做朋友。失败可以告诉你，这样做是错误的，下一次需要换一种思路。失败能提供有价值的信息，它是对你很有帮助的向导，而不是要你退缩的警示。成功者充分认识到，成功之路有如文火炖肉，只能慢慢成熟，而且要以多次错误为背景，踏着错误的肩膀向上爬。他们明白，犯错误是生活当中的正常因子，在犯错误时，不能垂头丧气。相反，他们从教训中学到所能汲取的经验，坚持下去，更加努力地尝试。

而失败者不然。

失败者把失败看成洪水猛兽，魑魅魍魉。他们在犯了错误、陷入困境的时候，就会完全心灰意冷。他们认为，一旦他走错了一步，有一次失了手，那他一切都完了，于是很快放弃了再努力。同时，他们以为，如果自己从前所做的不是完美的，那么，无疑地，他就是一个失败者。

失败者在面对失败时，还有一个典型特征，就是呻吟啜泣，顿足捶胸，责骂自己是笨蛋、蠢猪，觉得自己一无是处，陷入失望之中。失败者常揪着自己的头发自问，为什么我不小心一点、为什么我犯那么多的错误、为什么我轻易相信别人？等等。他责骂自己时，就像过于严厉的父母训斥一个无处求援的孩子，其结果是：每这样自责一次，自信心就受到一次伤害，就会萎缩和消失一分。

失败的时候，失败者愈责骂自己，便愈觉得自己无能，愈觉得自己无能，失误也就愈多；愈是失误多，又愈觉得自己不行；愈觉得自己不行，又愈责骂自己，如此便形成恶性循环。由于担心再犯错误，便导致失败者产生极大的忧虑，陷入一种保持性的停滞状态。这种状态在旁人看来，是失败者的懒惰或是消沉。

人，一旦失败就心灰意冷，无所事事，这样虽然他免除了再犯错误的恐惧，他的担忧也随之减少，再也没有挫折、失误、失败，然而，不幸的是，他再也不能与成功牵手。

长期致力于研究成功课题的人士指出，失败实际上只不过是暂时的挫折。暂时性的挫折是一种幸福，因为它会使我们振作起来，调整我们的努力方向，使我们向着不同，但更美好的方向前进。

　　暂时性的挫折，在致力于成功的人士意识里，都不会成为永久的失败，只要你把它当做是一种教训。事实上，在挫折中，都存在着一个持久性的教训，这种教训是无法凭挫折以外的其他方式获得的。

　　失败者常常感叹命运的不济，现实也确实如此。竞争机制的引入，优胜劣汰，必然要求更好的心理素质。现实中常有这样的事，一个人颇具实力，却不能在竞争中取胜，甚至一败涂地。究其原因，就是对竞争的心理准备不足造成的。进一步而言，就是害怕失败，缺乏信心。

　　我们深信，失败是大自然来考验那些成功者的，使他们能够获得充分的准备，以便进行他们的工作。失败，能焚烧成功者心中的垃圾，使他们经受得住严肃的挑战。

　　生命年轮在不断地旋转着。如果它今天带给我们的是悲哀，那么明天它将为我们带来喜悦。

第二章

成败之间，拿得起也放得下

不要为打翻的牛奶哭泣

失败是一所最好的学校

一次跌倒，并不算是弱者

悲观者的四种性格表现

培养承受悲惨命运的能力

大大方方地承认错误

别被坏心情所奴役

不要跟自己过不去

不要为打翻的牛奶哭泣

　　失败并不可怕，可怕的是，每一次你失败后，并没有从失败中吸取教训。

　　任何一个人走向成功的发展之路，都不会是完全笔直的，都要走些弯路，都要为成功付出代价。

　　这代价就是失败。

　　成功者也会失败，但他们之所以是成功者，就在于他们失败了以后，不是为失败而哭泣流泪，而是从失败中总结出教训，并从失败中站起来，发愤上进，于是，成功就接踵而来。

　　可失败者则不然，他们失败之后，不是积极地从失败中总结教训，而是一蹶不振，始终生活在失败的阴影里。他们可能也会"总结"，但他们的总结只限于曾经失败的事情："我当初要是不那么做就好了"，"开始我要是如何做就不会失败了"……"要是"、"如果"之类的词是失败者口中出现频率最高的词语。自怨自艾、懊恼不已、后悔不迭，这些他们都会做。他们惟一不会做的就是认识到：既然已经失败，那就从头再来。对于这些人，"失败"连交学费都算不上，因为交了学费总能学点东西回来，他们却两手空空，甚至还不如两手空空。

　　有一位股票投资者，做了十多年股民。由大户室做到中户室，由中户室做到了散户大厅，到最后连散户大厅也不去了，因为他"不玩股票了"。

　　他之所以"王小二过年，一年不如一年"的原因，就在于他的心态。据他后来说，他买的任何一种股票，其实都可以赚钱，甚至可以赚大钱，但他总是赔钱出来。原因在于，他买了一只股票，没过多久就上涨了，但他舍不得将其抛出，想着既然涨着我干嘛要卖，说不定还能再涨个十块八块的。的确，他买的股票有涨十块八块的，但他还不抛出，心想说不定还能再涨二十三十的。确实也有如他的愿的，可他还不抛出。但股票市场，有上涨必然就有下跌。股票开始下跌了，他仍赚着钱，但他还不会卖出，原因是既然我六十都没有卖、四十我干嘛要卖，就这样把账面上赚的钱一点一点地又还回了市场，直到下跌到将其深度套牢。一直套到他心理承受不了了，这时候，他就再也坐不住了：说不定这只股票还要跌。于是就割肉出局，直到把自己的家底割完。

如果一次两次倒还罢了，问题是他每一次都是如此。他常常想：某某股票我要是五十元抛出，就能赚多少多少……他就是不想下次我要吸取教训。结果下次他还照方抓药。所以，在股票市场上，他败得一塌糊涂。

人不怕失败，因为人人都可能失败。失败了，总结教训，从头再来，你总会有成功的那一天。如果你只是一味地自责、懊恼，活在失败的阴影里，实际上于事无补。

每个人都可能成功，每个人也都可能失败。即使你是成功者，你也不可能一直是一帆风顺的，在你取得成功之前，你也曾经历很多次失败，或大或小。既使你是一个伟人，也不例外。

爱迪生在经历了一万多次失败之后，发明了电灯。

失败并不可怕，因为"失败是成功之母"，但我们却不能因此便习惯于失败，把失败不当一回事儿，不从失败中寻找原因。

的确，失败并不可怕，可怕的是，每一次你失败后，并没有从失败中吸取教训。

没有从失败中吸取教训，那么，你下一次还会失败。

和成功一样，每个人失败的具体原因也不会完全相同。但是，人毕竟是人，总有些东西是相通的。有些是失败最为常见，而且也是最具破坏力的原因。仔细地反省自己，当发现在你身上曾出现过任何一种原因时，不要太过自责，因为谁都可能失败，要做的事情是分析这些原因，找出解决问题的办法。

所以，西方有句谚语：不要为打翻了的牛奶而哭泣。

牛奶已经打翻了，再怎么悲伤地哭泣也无济于事，牛奶也不会再跑回杯子里。但如果因为今天打翻了的这杯牛奶，我们以后再不打翻牛奶，不再犯类似的错误，既使打翻一杯牛奶也没什么大不了。

其实，在发展的过程中，有很多人都会犯这样那样的错误，也就是说，都会在不同的程度上遭遇失败。失败并不可怕，可怕的是失败了之后没有经过认真总结以致继续失败。一个渴望自己真正在人生事业方面有所发展的人，就会从失败中找出原因。不再犯同样的错误，他就会成为一个成功的人。

失败是一所最好的学校

　　　命运之轮在不断地旋转，如果它今天带给我们的是悲哀，明天它将为我们带来喜悦。

　　失败是一所每个人都必须经历的学校，在这所学校里，你已成人，已会独立思考，已会选择，这一切，都决定你如何尽快从这所学校毕业，而不是呆下去或重修这所学校的课程。

　　从失败中学习非常重要。若能如此，就不会再犯同样的错误，更不会失去走向成功的信心。日本学者戴斯雷里曾说："没有比逆境更有价值的教育。"如果把失败弃之不顾，不加反省就意志消沉，那么即使开始下一项工作也不会收到好的效果。遇到失败，若只是简单地以"跟不上人家"为借口，就不会有任何进步，没有在失败中学习的精神，便永远得不到成长。而且，只有在失败中，才能更好地找到我们所要学习的东西。

　　那种经常被视为是"失败"的事，实际上常常只不过是"暂时性的挫折"而已。这种失败又常常是一种幸福，是生活赐予我们的最伟大的"礼物"，因为它使人们振作起来，调整我们的努力方向，使我们向着更美好的方向前进。看起来像是"失败"的事，其实却是一只看不见的慈祥之手，阻挡了我们的错误路线，并以伟大的智慧促使我们改变方向，向着对我们有利的方向前进。

　　如果人们把这种失败理解为一种"暂时性的挫折"，并引以为戒的话，它就不会在人们的意识中成为失败。事实上，每一种"暂时性的挫折"中都存在着一个教训，我们能够从中吸取极为宝贵的知识，而且，通常来说，这种知识除了经由失败获得外，别无其他方法。

"失败"通常是以一种"哑语"的形式向我们说话，而这种语言却是我们所不了解的。否则，我们也就不会屡犯同样的错误，更不会从这些错误中吸取教训。实际上，失败的"哑语"是世界上最容易了解并最有效果的语言。它就是宇宙通用的语言，当我们不去聆听其他语言时，大自然就通过它向我们说话。

事实上，我们把挫折当做失败来接受时，挫折才会成为一股破坏性的力量。如果把它当做我们的老师，那么，它将成为一种祝福。

有许多人陷于失望和遭遇失败，却不知道他们已经具有了发大财的一切条件。还有的人，把他们成功道路上遇到的障碍当做敌人，他们恐惧且迟疑。实际上，这些障碍物是命运带给我们的朋友和助手。要想成功，就必须有障碍。在我们的事业中，只有经过多次奋斗和无数次的失败，才能获得胜利。每一次失败，每一次奋斗，都能磨炼你的意志、增强你的体力、提高你的勇气、考验你的忍耐力、增强你的自信心以及培养你的能力。所以，每一个障碍，都是一个考验，都会促使你成功，否则，就只有接受失败。每一次挫折，就是一次前进的机会。逃离它们，躲避它们，就会失去自己的前途。

"失败"是大自然的计划，它经由这些"失败"来考验人类，使他们能够获得充分的准备，以便进行他们的工作。"失败"是大自然对人类的严格考验，它借此烧掉人们心中的残渣，使人类这块"金属"因此而变得纯净，经得起严格使用。

你失败了，你就进了这所学校，不管你自己希望在这里学到什么。

你可以是这所学校的优秀学生，你可以认真学习，把你在外面受到的挫折心得带到学校中总结学习。你可以在这里发现你所需要的、所喜欢的课程，并对照自己不断学习、不断进步。你也可以是这所学校的差生，可以在学校无所事事，可以成天混日子过，终日无所得。你在这所学校表现如何，将决定了你从失败中学到什么。你在学校认真学习，就能够很快学到很多东西，提前从学校毕业，成为一个合格的毕业生。但如果在学校敷衍了事，你可能就学不到东西，那你就永远无法毕业，在失败中呆一辈子。

在失败这所学校中，你选择什么？

——失败？

——成功？

失败所以能促成成功，是因为我们不断地在失败中认识错误，这样可以避免重犯许多错误，不再重蹈覆辙，当然就会成功了。这是所有科学研究所遵循的法则。

所以，不要惧怕，也不要逃避失败，因为成功是无数失败的积累，没有失败的成功只能算是侥幸！

假如你一帆风顺，处处得意，并不证明你有能力，反而显示出你胸无大志、人生目标定得太低、只求得过且过，这是毫无意义的。

许多人只希望做个平庸的人，能够过着简单的生活，赚取微薄的收入，他们就心满意足了。他们的要求不高，不是因为他们天生一副懒骨头，而是因为害怕失败，不知道有失败才会有成功！

其实，失败不会使你损伤，反而能把你磨炼得更坚韧、果敢和聪明。只有经历了各种各样的失败，才能证明你的能力，所以不要害怕失败，而要接受失败的挑战，直到尝试最后一次失败的人不是你！

让我们记住：命运之轮在不断地旋转，如果它今天带给我们的是悲哀，明天它将为我们带来喜悦。

一次跌倒，并不算是弱者

"跌倒"并不代表永远失败，但你先得爬起来，才能继续和他人竞逐，躺在地上是不会有任何机会的。

"在哪里跌倒，在哪里爬起来"是不逃避失败的一种态度，同时也可让同行的人了解"我某某站起来了"，但你必须先确定你走的路是对的。如果跌倒之后，发现原来是走错了路，也就是说，你走的是一条不能发挥你的专长、不符合你性格的路，为什么不能在别的地方爬起来呢？事实上，就有不少人做过很多事，最后才找到适合他的行业。而且，只要能够成功，谁在乎你是从哪里爬起来的？因为一次跌倒，并不能证明你是弱者。

为什么强调一定要爬起来，主要有以下几个理由：

（1）人性是看上不看下、扶正不扶歪的。你跌倒了，如果你本来就不怎么样，那别人会因为你的跌倒而更加看轻你；如果你已有所成就，那么你的跌倒将是许多心怀妒意的人眼中的"好戏"。所以，为了不让人看轻，保住你的尊严，你一定要爬起来！不让他人小看，不让他人笑看。

（2）"跌倒"并不代表永远失败，但你先得爬起来，才能继续和他人竞逐，躺在地上是不会有任何机会的，所以你一定要爬起来。

（3）如果你因为跌重了而不想爬，那么不但没有人会来扶你，而且你还会成为人们唾弃的对象。如果你忍着痛苦要爬起来，迟早会得到别人的协助；如果你丧失"爬起来"的意志与勇气，当然不会有人来帮助你，因此，你一定要爬起来！

（4）一个人要成就事业，其意志相当重要。意志可以改变一切，跌倒之后忍痛爬起，这是对自己意志的磨炼。有了如钢的意志，便不怕下次"可能"还会跌倒了。因此，为了你往后漫长的人生道路，你一定要爬起来！

（5）有时候人跌倒了，心理上的感受与实际受到伤害的程度不一样，因此你一定要爬起来。这样你才会知道，事实上你完全可以应付这次的跌倒，也就是说，知道自己的能力何在。如果自认起不来，那岂不浪费了大好才能？

总而言之，不管跌的是轻还是重，只要你不愿爬起来，那你就会丧失机会，被人看不起。这是人性的现实，没什么道理好说。所以你一定要爬起来，并且最好能重新站立起来。就算爬起来又倒了下去，至少也是个勇者，而绝不会被人当成弱者。

人不可能一生一帆风顺，总有摔跤、跌倒之时，这就是打击。但有一点要记住：不管你是什么样形式的"跌倒"，不管你跌得怎样，一定要记住：跌倒了，一定要爬起来！

悲观者的四种性格表现

一个悲观失望的人，没有百折不挠的坚强意志，迟早会垮掉的，这就是失败的真正原因所在。

大多数时候，我们在做一件事情时失败了，并不是因为自身的能力不行，或者是客观条件不具备，而是因为遇到一点小困难时，就产生了悲观消极的心理，对成功彻底地失去了应有的信心。相反，那些乐观积极的人，既使在前进路上遇到一些挫折或困难，但他们总能想方设法去克服，大有一股不达到目的誓不罢休的劲头。

一般而言，悲观者的心理或情绪主要有以下 4 种表现。

1. 缺乏足够的忍耐

在我们实现成功愿望的过程中，并不是任何事情都会发展得异常顺利，有时必然会出现各式各样的阻碍及挫折，使事情看起来一点也不顺利，在这种情况下必须拿出忍耐的精神来。事实上，大多数人在前进过程中缺乏的恰恰就是这一点。

说到忍耐，有人把它解释成只是一味被动地忍受，而不去设法扭转局势，这是非常不正确的。所谓真正的忍耐，是指在美好的愿望实现之前，要预先储备能量。在黎明前总会有黑暗存在，重要的是你能够忍耐住这段黑暗时光，然后静等黎明时光的到来。

有一个小男孩每遇到困难时就会发脾气，于是他的父亲就给了他一袋钉子，并且告诉他，每当他克服一个困难的时候就钉一根钉子在后院的围墙上。

第一天，这个男孩没有钉下一根钉子；第二天，他钉下了两根钉子，慢慢地每天钉下的钉子数量增加了。他发现随着自己耐性的提高，克服困难的能力也变得越来越强。

对于一根钉子而言，最初它也许就是一块铁，要经过无数次的打磨，才能够变得锋利无比，再坚硬的墙壁都能钉进去。在困难面前，我们应该保持足够的忍耐，忍耐的过程就是积聚力量，因为有些困难并不是一战而胜的，惟有忍耐才是最明智的选择。

2. 一遇到困难就开始怀疑自己的能力

现在，我们已经知道悲观消极的态度是致命的，它会让本来能力非凡的你变得平庸，做不出任何的成就来，长此以往，你就越来越难以认清自己的真正实力了。如果一个人永远无法发现潜藏在自己体内的那笔雄厚的财富，这才是最糟糕的事情。

苏格兰地区有很多古堡与古迹，因此闹鬼的传闻也颇多。有一天，一位小学老师因为公务繁忙，所以回家时已是午夜时分。在他回家的路上，需经过一个坟场，而那天刚好有人新挖了一个墓穴。他经过时一不小心便摔到了那个大坑里，可是那个大坑又大又深，这位长得高头大马的老师，怎么爬都爬不出去。后来，他索性坐在坑内，想等天亮了以后再说。

没想到不久后又有一个人途经此地，也是一不小心摔到坑内，只见他拼命地往上爬，当然是使出吃奶的力量也毫无办法。

"不用爬了。"那个小学老师说道，"你是爬不出去的"。

后来掉下去的人，大概以为是见到了鬼，吓得魂不附体，立刻手脚并用地往上爬，没想到三两下居然爬了出去。

一个人蕴藏着巨大潜力，没有人知道固然可惜，更可惜的是不到千钧一发之际，连自己都被蒙在鼓里而浑然不知。自信能衍生出所有成就的两大基石——高自尊和高期望。在成功之前，我们必须相信自己的能力，在内心里提醒自己一定能够做得到，而不是迷失于自我认识之外。

3. 因困难而背上心理包袱，变得犹豫不决

许多人生怕失败，然而常常就是有天不遂人愿的时候，像失恋、计划泡汤、工作不如意等等。在成功者的眼里，没有失败，只有结果，失败是动摇不了他们的。

只有追求结果的人，才能获得最后的成功。成功的人不是从不失败，他们也有劳而无功的时候，但他们认为那是学习经验，借用这个经验，再另起炉灶，从而得到新的结果。

仔细想一想，你每天能比前一天增加的一种资产或利益是什么？答案一定是经验了。害怕失败的人，内心产生畏惧不前的心理，不敢下手去做，更不可能成功。你是否害怕失败？那么，你对学习又是如何看的呢？如果你肯学习别人的经验，那么就能无往不胜。

富勒说过一个船舵的比喻。他说当船舵偏转一个角度，船就不会照着舵手的方向前进，而只是在原地打转。他若想抵达目的地，就得回转船舵，不断地调整和修正航向才行。请把这幅画面记在脑海里，想像一艘船在宁静的海面上航行，舵手做了上千次必要的修正，维持航向。这是多么美的画面，它告诉我们人生成功的方式。然而却有些悲观的人不这么想，每一次的错误，都造成他心头上的包袱，认为那是失败留下的长期阴影。

4. 没有坚定的信念

悲观的人没有坚定的信念，他们从来不知道成功的滋味。信念是一种无坚不摧的力量，当你坚信自己能成功时，你必定能获得成功。

英国劳埃德保险公司曾从拍卖市场买下一艘船，这艘船 1894 年下水，在大西洋上曾 138 次遭遇冰山，116 次触礁，13 次起火，207 次被风暴扭断桅杆，然而它从没有沉没过。

劳埃德保险公司基于它不可思议的经历及在保费方面带来的可观收益，最后决定把它从荷兰买回来捐给国家。现在这艘船就停泊在英国萨伦港的国家船舶博物馆里。

不过，使这艘船名扬天下的却是一名来此观光的律师。当时，他刚打输了一场官司，委托人也于不久前自杀了。尽管这不是他第一次辩护失败，也不是他遇到的第一例自杀事件，然而，每当遇到这样的事情，他总有一种负罪感。他不知该怎样安慰这些在生意场上遭受了不幸的人。

当他在萨伦船舶博物馆看到这艘船时，忽然有一种想法：为什么不让他们来参观参观这艘船呢？于是，他就把这艘船的历史抄下来连同这艘船的照片一起挂在他的律师事务所里，每当商界的委托人请他辩护，无论输赢，他都建议他们去看看这艘船。

它使我们知道：在大海上航行的船没有不经历大风大浪的，也没有不带伤痕的。如同一个人常在社会上行走，哪有不屡遭挫折的，如果他是一个悲观失望的人，没有百折不挠的坚强意志，迟早会垮掉的，这就是失败的真正原因所在。

培养承受悲惨命运的能力

　　在生活中的不幸面前，有没有坚强刚毅的性格，在某种意义上说，也是区别伟人与庸人的标志之一。

　　在生活的海洋中，事事如意、一帆风顺地驶向彼岸的事情是很少的。或学习上遇到困难，或工作中受到挫折，或生活上遭到不幸，或事业上遭到失败，这些都有可能发生。当不幸的命运降临到我们身上的时候，我们应当怎么办呢？

　　唉声叹气，自叹"时乖运舛"，自认倒霉，这是一种态度。在打击和磨难面前，仅仅停留于无休止的叹息，不会帮助你改变现实，只会削弱你和厄运抗争的意志，使你在无可奈何中消极地接受现实。

　　悲观绝望，自暴自弃，这也是一种态度。一遇挫折就悲观失望，承认自己无能，这是意志薄弱、缺乏勇气的表现，也是自甘堕落、自我毁灭的开始。用悲观自卑来对待挫折，实际上是帮助挫折打击自己，是在既成的失败中，又为自己制造新的失败。在既有的痛苦中，再为自己增加新的痛苦。

　　怨天尤人，诅咒命运，这又是一种态度。现实总归是现实，并不因为你埋怨和诅咒它而有所改变。遇到不幸的事，就恶语诅咒、怨天尤人，这是最容易的，也是最没有用处的。埋怨和诅咒人人都会，但从埋怨和诅咒中得到好处的人却从来没有。事实上，在诅咒之中，真正受到伤害的并不是诅咒对象，而只是诅咒者自身。

　　在生活中的不幸面前，有没有坚强刚毅的性格，在某种意义上说，也是区别伟人与庸人的标志之一。巴尔扎克说："苦难对于一个天才是一块垫脚石，对于能干的人是一笔财富，而对于庸人却是一个万丈深渊。"有的人在厄运和不幸面前，不屈服，不后退，不动摇，顽强地同命运抗争，因而在重重困难中冲开一条通向胜利的路，成了征服困难的英雄，掌握自己命运的主人。而有的人在生活的挫折和打击面前，垂头丧气，自暴自弃，丧失了继续前进的勇气和信心，于是成了庸人和懦夫。培根说："好的运气令人羡慕，而战胜厄运则更令人惊叹。"

生活中，人们对于那些冲破困难和阻力、经受重大挫折和打击而坚持到底的人，其敬佩程度是远在生活的幸运儿之上的。征服的困难愈大，取得的成就愈不容易，就愈能说明你是真正的英雄。当接连不断的失败使爱迪生的助手们几乎完全失去发明电灯泡的热情时，爱迪生却靠着坚韧不拔的意志，排除了来自各个方面的精神压力，经过无数次实验，电灯终于为人类带来了光明。在这里，爱迪生的超人之处，正在于他对挫折和失败表现出了超人的顽强刚毅精神。

性格的刚毅性是在个人的实践活动过程中逐渐发展形成的。

如果你想培养自己承受悲惨命运的能力，你可以学着在自己的生活中采用下列技巧：

1. 下定决心坚持到底

局面越是棘手，越要努力尝试。过早地放弃努力，只会增加你的麻烦。面临严重的挫折，只有坚持下去，加倍努力和增快前进的步伐。下定决心坚持到底，并一直坚持到把事情办成。

2. 不要低估问题的严重性

要现实地估计自己面临的危机，不要低估问题的严重性。否则，去改变局面时，就会感到准备不足。

3. 做出最大的努力

不要畏缩不前，要使出自己全部的力量来，不要担心把精力用尽。成功者总是做出极大的努力，而面对危机时，他们却能做出更大的努力。他们不去考虑什么疲劳啦，筋疲力尽啦。

4. 坚持自己的立场

一旦你下定决心要突然冲向前去，要像服从自己的理智一样去服从自己的直觉。顶住家人和朋友的压力，采取你所坚信的观点，坚持自己的立场。是对是错，现在就该相信你自己的判断力和智慧了。

5. 生气是正常的

当不幸的环境把你推入危机之中时，生气是正常的。一方面对你来说重要的是要弄明白自己在造成这种困境中起了什么作用；另一方面，你是有权利为了这些问题花了那么多时间而恼火的。

6. 不要试图一下子解决所有的问题

当经历了一次严重的危机或像亲人去世这样的严重事件之后，在你的情绪完全恢复以前，要满足于每次只迈出一小步。不要企图当个超人，一下子解决自己所有的问题。要挑一件力所能及的事，就干这么一件。而每一次对成功的体验都会增强你的力量和积极的观念。

7. 让别人安慰你

无论局面好坏，失败者总是一味地抱怨不停。结果当危机真的来临时，人们很少会信以为真和安慰他们，因为人们已经习惯了他们的消极态度，就像那个老喊"狼来了"的孩子一样。但是，如果你是个积极的人，平时能很好地应付自己的生活，那么，在困境中，你可以放心地把自己的懊悔和恐惧告诉别人，给别人以安慰你的机会，你理当得到这种支持，而且对于自己这种请求，你完全可以感到坦然。

8. 坚持尝试

克服危机的方法不是轻易就能找到的。然而，如果你坚持不懈地寻求新的出路，愿意在成功的可能性很低的情况下去尝试，你就能找到出路。要保持自己头脑的清醒，睁大眼睛去寻找那些在危机或困境中可能存在的机会。与其专注于灾难的深重，莫若努力去寻求一线希望和可取的积极之路。即使是在混乱与灾难中，也可能形成你独到的见解，它将把你引导到一个值得一试的新的冒险之中。

大大方方地承认错误

坦诚地承认错误，实在是我们做人的一种法则，也代表着我们做人的风度。

你可能是一个老板，或是某个单位的领导，总之，你的手下领导着一大群人。前两天，在一项工作中你出现了较大的失误，甚至造成了较大的经济损失。

碰到这种事情，你会怎么办？

一种选择就是大大方方地承认自己的错误，向全体员工认错，承认自己工作中的失误，并希望全体员工在以后的工作中敢于指出自己的错误，尽量减少可能有的损失。

你还有另一种方法，那就是死撑着，绝不认错。道理很简单：一认错，岂不威信扫地，以后还怎么做老板，怎么做领导？手下的人又会怎么看我？

你可能会说，我肯定选择第一种，大大方方地承认错误。

你的这种选择自然是对的，但是你未必说的是真话。

实际情况是，你不一定选择第一种方案。

有许多事情，嘴上说说、理论上探讨探讨确实容易，而且道理我们都懂，但一到实际生活、实际工作中，真正实施起来，其实是很困难的一件事情。就如吸烟这件事情，现代人不懂得"吸烟有害健康"这个道理的恐怕凤毛麟角，然而在中国吸烟的人数仍以亿计。所以，我们不会因为我们懂得其中的道理就认定我们一定会按照正确的方法去做，也就是说，我们不会因为承认错误对我们的工作有好处就承认自己的错误。

人活在世上，要取得成功，就一定要做事情，而做事情就可能会有错误。古人说："人非圣贤，孰能无过。"恐怕就是为了说明这个道理。其实，是人都会犯错误，"圣贤"自然也不例外。但圣贤所以为圣贤，他们长于常人的地方就是因为他们错了，会承认错误，而且能够改正错误。孔夫子曾说："吾日三省吾身。"所以要"省"，就是因为他知道他也可能会有错误，但每天反省自己，就能够时时提醒自己不要再犯类似的错误。这才是正确的态度，也是一种追求人生成功的积极心态。

反过来说，如果你死撑着，死不认错，所引起的后果将是十分消极的，起码你的手下就会轻看你。因为你犯了错误，如果那错误很小，也没有造成较大的损失，而你为了你自己的所谓"面子"而不承认，你的手下就会认为你连这么一个小问题都不敢承担，如何能带着大家做出大事情。如果你犯的错误很严重，造成的损失巨大，公司或单位人人皆知，而你这时候如果再不承认自己的错误，甚至一味地搪塞、狡辩，就有了一点欲盖弥彰"此地无银三百两"的味道。尽管你狡辩的能力很强，能把稻草说成金条，把黑的说成白的，但这个时候你这种"超强"的狡辩能力只会让你越抹越黑，引起别人的反感，你的手下更会认为你一点担待也没有，而你的上级恐怕也会因此不信任你。

古人说，两害相权取其轻。你自己好好权衡比较一下两者的轻重，看到底选择哪一个更好一些。

其实，上升到成功人生的角度来看，犯了错误承认错误，是为了不再犯错，取得更大的成功。再说了，不管是对下级上级，坦诚地承认错误，承担责任，别人只会更加信任你、尊重你，而绝不会轻看你。你反而会因为坦诚赢得人心，因为他们知道自己也会有错误。

坦诚地承认错误，实在是我们做人的一种法则，也代表着我们做人的风度。更重要的是，坦诚认错，会为你以后的发展提供一面镜子。

别被坏心情所奴役

平服自己的心情，是基本的生活技术，任何一个人都可以学会。以下就是让你抛弃坏心情的方法。

任何人都会无缘无故地情绪低落起来。碰到那种日子，你就会感到样样事都不合意，你憎恨生命，甚至是自己的发型。平服自己的心情，是基本的生活技术，任何一个人都可以学会。以下就是让你抛弃坏心情的方法。

方法之一：出汗。也许你根本就不相信，无论是轻微的周期性情绪低落，还是严重得要见医生的精神抑郁，运动都可以帮上一把。

一个保险经纪人每逢心情低落时，便跑去游泳。"游它几百米后，回家便倒头大睡。第二天早上醒来，好像不开心的事都赶走了"。

让自己忙碌做一些事情，不管它是不是小事，如把影碟分类贴标签，这也可以让你感到有一点成就感；或者从工作清单中删减项目，这样不至于让你感到一事无成。可是，你还要避免做一些让你生厌的工作。假若把影碟分类会让你更烦躁暴戾，那你还是去为你的爱犬修剪头发吧。

方法之二：请人服侍一下。去美容院做一个脸部按摩或脸膜，或者到发屋洗头、焗油，总之，当心情坏的时候，让别人善待一下自己，提醒自己"我是值得纵容的"。

方法之三：歪曲事实。是的，你患上了流感。可是，有什么比这更好的借口可以使你不用上班，赖在床上看小说、吃葡萄？学习从另一个角度看事物，这就是专家们所说的认知重组。你错过了升职机会，但你仍是个好妻子、网球高手和插花专家。把你这些长处一一列在纸上并放在钱包里。如有需要，不妨"小器"一点。你不记得自己在上中学时演讲比赛中赢得全场掌声，还捧走了冠军奖杯？你还可以打电话给妈妈，请她再讲一次在你 14 岁时，你怎样勇敢地撕碎了那封文理不通的求爱信。

方法之四：暂离自己。换一身衣服，跟着音乐大唱大跳，或者闭上眼睛，边听着恩雅的音乐边"静坐"。暂时"离开"一下自己，闷气亦会随之减少。

方法之五：主动出击。哪个朋友两个星期没来电话了？你不能这么想："她从来就不喜欢我。我再没有其他朋友，我很寂寞。"你必须摆脱这种想法。相反，你要告诉自己："我有很多爱护我的朋友，同样，我也有很多值得关心的朋友。"之后，相约一位你曾经承诺"我会找你"的朋友共进午餐，即使那已是数月前的事情，你可以借此来显示自己是受欢迎的。

方法之六：实现梦想。切实做一些你经常说"会"做的事情；更换过期的身份证、收拾行装到"丝绸之路"去、每星期写一封信给他……有什么比实现梦想更让你振奋的，以轻松的心情去克服孤独。

不要跟自己过不去

万一我们不幸遭遇失败，我们应告诉自己：生活大部分时间是平淡无奇的，我们只不过又回到了起点，让我们从头再来。

1. 做人别太固执

固执己见似乎让人感到个性，但更多时候给人的感觉是顽固不化。

太固执的人总会自以为是，很轻易地得出一个结论后，就认定是最终真理，别人如果有不同看法，就肯定是他哪儿出问题了。太固执的人也很容易轻视别人，否定别人。太固执的人常常刚愎自用。三国名将关羽之所以最后败走麦城，被俘身亡，最大的一个原因就是固执偏激，刚愎自用。

太固执的人很容易对人产生偏见。在他们眼里，爷爷是小偷，孙子也好不到哪儿去；一个人从监牢里出来，他这一辈子肯定不会干好事；黑人永远是劣等人种；希特勒肯定是个固执狂，历史上所有的刽子手都是固执狂……让一个太固执的人去当老师，班里的"差生"永远得不到翻身；让一个太固执的人去做老板，他的职员永远不能犯错误。世界"牛仔大王"李维的公司却有38%的职员是残疾人员、黑人、少数民族和一些有犯罪前科的人，他们在那里都干得好好的。

太固执的人不易接受新事物。他们总认为自己的一套是最佳的，对新事物，他们其实根本不了解，但他们却煞有介事地说出一大堆凭空想象的局限和不足，俨然像专家。他们会坚持认为计算机没有算盘准确，即使他儿子还是个电脑工程师；他会认为生儿子当然比生女儿好，即使他女儿成了名人，他也会坚持认为这是上帝开的一个玩笑。

太固执的人肯定没有好的人缘。要想改变这种坏脾气，首先得试着去理解人，试着从别人的角度来考虑问题。抱着一个信条：在不了解一个人或一样东西之前，别妄下结论。

2. 换条路可能会更好

"千万不要吊死在一棵树上。"做一件事可以有无数种方法，而只有一种才是最佳的，而你想到的可能是最差的。开动脑筋，试着换种方法，你会感觉豁然开朗。有了这种"换条路"的思考方式，你会发现很多最佳的方法。

聪明人总在想着如何"偷懒"，别人做这件事花了300元钱，我能不能少花些，别人做这件事用了两天，我能不能只用一天半。很难想象一个只找到一种方法就当宝的人如何去参加数学奥林匹克竞赛。办法是人想出来的，即使你比别人笨一些，只要你多花些时间去想，就可能做得比其他人更好，在别人眼里，你就是一个聪明人。所有成功者都是用与众不同的方法才做出了惊人的成绩，"船王"包玉刚之所以能从一条船起家，由一个不懂航运业的门外汉一跃成为一代船主，就是因为他时时处处都在想着如何才是最佳的。当别人都在搞房地产的时候，甚至当他父亲也主张投资房地产时，他经过分析却决定投资航运业；当别的船主都在用"散租"的方式获取暂时的高额租金时，他却用"长租"的方式获得稳定的收入，并且同时赢得了无数固定的大户顾客。他之所以成功，不是因为他是"包青天"包拯的第 29 代子孙而有特殊的遗传基因，而是因为他总能发现常人所用方法的弊端，同时又想出一套更佳的新的方法。

当我们发现自己环境不利的时候，那就试着去换一个地方。当你发现手下人不称职时，就坚决地撤换。当你发现靠每天一封情书向人求爱效果不灵时，就试试一个礼拜不给她写信。当你发现每天弥勒佛似地和人交往，别人还不领情时，你就试着换副阴阳脸。当你发现对儿子百依百顺，但他却更加无法无天，你就试着狠心些，冷峻些。总之，发现"不行"你就得变，而发现"行"你也得变着"更行"。喊出"车到山前必有路，有路必有丰田车"的丰田公司所采用的"参与制"，就是近乎苛刻地挖掘任何一个可能"更行"的机会。1977 年，丰田公司全体员工提出了 46 万多条合理化建议，每人平均 10 条，为公司节省开支 260 多亿日元。

要想成功，就得时时刻刻想着："是不是可以换种方法。"

3. 不要走极端

要么很好，要么很坏，要么是踌躇满志，要么是万念俱灰，稍受鼓励就信心倍增，稍受打击就萎靡不振，虽然说人生是一场戏，但你也不能故意把它搞得大喜大悲，这对身心是很不利的。

有极端思想的人往往是一个完美主义者，或者说是一个理想主义者。在事情开始之前，他们总会把事情的结果想象得很美好。由于看了一张介绍炒股成功者的报纸，他们就会浮想联翩：如果我也去炒股的话，说不定我能赚个几十万，然后我就能买幢房子，另外再买辆摩托，当然也要给女儿买架钢琴。而一旦事与愿违，他们就会痛苦万分，极大的反差加上没有任何的思想准备定会让他们消沉一段时间。

有极端思想的人往往是易冲动、缺少全面考虑的人。他们对一件事情投入得特别快，他们会调动一切情绪专心于一件事。当他受了别人的启发，决定开始学外语时，他会专心致志地订好计划，而且立刻跑到书店买来外语书，还有一大堆参考书、工具书和空白磁带，他还会考虑到家里的录音机不行，马上去买个新的。但学了三天后，就觉得计划是否该改一下，参考书是否太深了。再过几天，就会问自己：学了外语到底有什么用？然后就可能像没发生过这事一样过起了原来的生活。

我们要试着去改变这种极端思想的做法。首先，要有接受挫折与失败的心理。在事情开始之前，要告诉自己：结果越美，往往困难越多。要出门旅游，你不能光想海边风景多迷人，在大海里游泳是多畅快，到山顶眺望是多么心旷神怡，你得想想在海边晒半天会很黑，夜里会皮肤发痛，那座山很陡，小心不能摔跤。其次，我们在事前不要把结果想象得太完美，可以告诉自己：能有七分成功就算很不错了。期望值不能太高，以免失望太多。我们也可以告诉自己：做事要多看过程，只要我们尽力就行了。万一我们不幸遭遇失败，我们应告诉自己：生活大部分时间是平淡无奇的，我们只不过又回到了起点，让我们从头再来。

4. 别总是后悔

因为一件事做得不完美而后悔，或因为不经意的一句话而伤害别人而后悔，这都是难免的。但如果一个人经常性地话一出口以后就后悔，那就不大正常了。

这种坏习惯有时候是因为犹豫不决的性格造成的。有的人面对选择时，总会考虑得无比周到。从大到小、从前到后，样样要都考虑，到最后把自己给搞糊涂了，不知如何做出选择。好容易在别人的帮助下或在内心的催促下做出了决定，话一出口马上就会后悔，心里想：可能作另外一种选择更好。

考虑太多会使你"说了常后悔"，欠考虑也同样使你"说了常后悔"。有些人喜欢信口开河，说话不着边际，只管吹牛扯蛋倒也无妨，问题就在一不小心就可能伤了别人，那就只有道歉了。

由于犹豫不决而常后悔的人，总会有种失落感，本来做出选择是件很痛快的事，而对他来说却是痛苦的事。去购置一样东西本来是一种享受，而他却体会不到这种满足。上街去吃火锅，走过麦当劳门前，会禁不住想：吃麦当劳也不错。火锅已经在面前了，麦当劳的香味还萦绕在眼前，火锅的味道肯定减了一半。

如果你是一个优柔寡断的人，你得在作决定之前先弄清楚：我选择的首要标准是什么。在作选择之前先把标准的顺序排好，如果只想买支笔，能写就行，那就挑支便宜的。在做出决定以后，只能想我选的东西有多少优点，别去想别的，要有一种知足常乐的心理。

而如果是欠考虑、易冲动的人，就要告诉自己：凡事要三思而后言。特别在感情冲动时，要立即警告自己：别光从自己角度出发，换个角度，和别人开玩笑，不能凭自己想象，你要想想他会不会生气。在批评人时，也要想想对方会怎么想，不能光顾自己发泄。在承诺别人时，不能光让对方满意，要考虑一下自己能否承受得了。

第三章

成败定律：可怜之人必有可恨之处

失败性格之一：做人偏激

　　　　性格和情绪上的偏激是一种心理疾病。它的产生源于知识上的极端贫乏，见识上的孤陋寡闻，社交上的自我封闭。

　　性格和情绪上的偏激，是做人处世的一个不可小觑的缺陷。三国时代，那位汉寿亭侯关羽，过五关，斩六将，单刀赴会，水淹七军，是何等英雄气概。可是他致命的弱点就是刚愎自用，固执偏激，当他受刘备重托留守荆州时，诸葛亮再三叮嘱他要"北据曹操，南和孙权"，可是，当吴主孙权派人来见关羽，为儿子求婚，关羽一听大怒，喝道："吾虎女安肯嫁犬子乎！"总是看自己"一朵花"，看人家"豆腐渣"，说话办事不顾大局，不计后果，导致了吴蜀联盟的破裂。最后刀兵相见，关羽也落个败走麦城、被俘身亡的下场。本来嘛，人家来求婚，同意不同意在你，怎能出口伤人、以自己的个人好恶和偏激情绪对待关系全局的大事呢？假若关羽少一点偏激，不意气用事，那么，吴蜀联盟大约不会遭到破坏，荆州的归属可能也是另外一种局面。关羽不但看不起对手，也不把同僚放在眼里，名将马超来降，刘备封其为平西将军，远在荆州的关羽大为不满，特地给诸葛亮去信，责问说："马超能比得上谁？"老将黄忠被封为后将军，关羽又当众宣称："大丈夫终不与老兵同列！"目空一切，气量狭小，盛气凌人，其他的人就更不在他眼里，一些受过他蔑视侮辱的将领对他既怕又恨，以致当他陷入绝境时，众叛亲离，无人救援，促使他迅速走向败亡。

　　现实生活中，凡不能正确地对待别人的，就一定不能正确地对待自己。见到别人做出成绩，出了名，就认为那有什么了不起，甚至想尽千方百计诋毁贬损别人；见到别人不如自己，又冷潮热讽，借压低别人来抬高自己。处处要求别人尊重自己，而自己却不去尊重别人。在处理重大问题上，意气用事，我行我素，主观武断。像这样的人，干事业、搞工作，成事不足，败事有余，在社会上恐怕也很难与别人和睦相处。

偏激的人看问题总是带着有色眼镜，以偏概全，固执己见，钻牛角尖，对别人善意的规劝和平待商讨一概不听不理。偏激的人怨天尤人，牢骚太盛，成天抱怨生不逢时，怀才不遇，只问别人给他提供了什么，不问他为别人贡献了什么。偏激的人缺少朋友，人们交朋友喜欢"同声相应，意气相投"，都喜欢结交饱学而又谦和的人，老是以为自己比对方高明，开口就梗着脖子和人家抬杠，明明无理也要搅三分的主儿，谁愿和他打交道？

所以偏激的人大多人缘很差。

性格和情绪上的偏激是一种心理疾病。它的产生源于知识上的极端贫乏，见识上的孤陋寡闻，社交上的自我封闭意识，思维上的主观唯心主义等等。对此，只有对症下药，丰富自己的知识，增长自己的阅历，多参加有益的社交活动，同时，还要掌握正确的思想观点和思想方法，才能有效地克服这种"一叶障目，不见泰山"的偏激心理。

一个人有主见，有头脑，不随人俯仰，不与世沉浮，这无疑是值得称道的好品质。但是，这还要以不固执己见，不偏激执拗为前提。无论是做人还是处世，头脑里都应当多一点辩证观点。死守一隅，坐井观天，把自己的偏见当成真理至死不悟，这是做人与处世的大忌，如果不认真纠正这种"关羽遗风"，就很有可能会使自己误入人生的"麦城"而转不出身来。

失败性格之二：固执己见

"听人劝，吃饱饭。"刚愎自用、钻"牛角尖儿"，只会使前面的路越来越窄，越来越走不通，它不是成功之路，而是失败之途。

每个人都可能办错事，说错话，但这并不可怕。可悲的是我们有许多人因害怕丢面子，不敢承认自己的错误，面对别人的忠告，仍旧护短遮丑，羞羞答答，吞吞吐吐，结果越陷越深。

一个人不论职位高低，有短敢揭短，人们就不觉得你有短；有丑敢亮丑，人们就不觉得你有丑。敢于揭短亮丑，是诚实可靠的表现，不但不会失去面子、失去威信和信任，反而会提高威信，增加影响。

人在一生中没有犯过错误，没有过错误的观点或立场是不可能的，就像一个人一辈子从来没有正确过一样，这都是绝对不可能的。人总是在不断地从错误到正确再到错误，然后再正确，重复不断，回旋往复。只有这样，人才能不断从错误中总结经验，得到发展，从而逐步完善，成为一个比较完美的人。

人犯错误并不可怕，这次错了，吸取教训，可以防止下次再犯错。"吃一堑长一智"，这句俗语讲得很好。但是，如果一个人犯了错误或有着某种错误观点而执迷不悟，强硬坚持，顽固地不接受他人的意见或劝说，而是我行我素。这种做法讲得文雅一点是刚愎自用，讲得通俗一些就是顽固不化，喜欢钻"牛角尖儿"。

人生在世，要做的事情很多，要接触的新事物也非常多。然而这么多的事情不可能哪一件都做得非常好，或者说不可能什么事情、什么知识都懂，由于不懂就难免要犯错误。这时，就需要有人来指点我们或者说给我们提供好的建议。特别是我们知心朋友的建议更值得参考。

在我国古代，不管是哪朝哪代，凡是贤明的君主身边必定会有几个或几十个忠诚的大臣或谋士，专门为君王提供建议。成就霸业的君王在建国初期，没有刚愎自用的，否则他也不会霸业有成。不光是君主，就是一个但凡有所作为的人，都非常善于接受他人的意见。

我国古代曾把比谁门下的食客多少来作为一个衡量贤德高下的标尺，这绝非是攀比富贵，而确是一个集贤纳策的好方法。战国时期的四大君子：平原君、信陵君、春申君、孟尝君，都曾为自己的君王提供出高妙的建议，为君王的治国安邦做出了卓越的贡献。可以说，刘备如果没有诸葛亮在身边出谋划策，不要说是三国鼎立，就连是否能立得住脚、扯一面旗都很难说。再昏庸的君王也懂得知错就改，或是用杀人灭口的方法或是用嫁祸于人的方法。

当然，在历史上也出现由于固执、刚愎自用而失败之人。三国时期蜀国的马谡，由于一味顽固"自信"，不接受诸葛亮的建议，而导致了"失街亭"。马谡的失败，给蜀国带来了致命的打击，虽然事后马谡自己也追悔莫及，诸葛亮挥泪斩马谡，可这又有什么用呢？世上卖什么药的都有，就是没有卖后悔药的。亡羊补牢的做法意义是不大的。

中国历史经历了那么多朝代，而历朝历代的灭亡都与君主统治的腐朽有着直接的关系。其中，君主的武断、专制、刚愎自用，不听忠言是导致腐朽的一个重要原因。

秦始皇统一六国时，国势曾是那么强大，疆土是那么辽阔。但是由于秦二世的武断、暴虐的统治，出现了秦末的陈胜、吴广起义。秦开始衰落，最终被汉所代替。如果秦二世不那么残暴，多接受些忠告，是否能使秦的寿命更长一些呢？

所以说，刚愎自用者的顽固、不肯接受他人意见是一个致命的弱点。不肯接受他人意见，对于朋友的规劝或忠告置若罔闻，不仅会使自己头破血流，还会严重伤害朋友之心。

因为只有真正的朋友才会指出你的错误，提出中肯的建议。提供建议本身就意味着坦诚和信任。如若把良药当做烂草，把忠言当做耳边风，怎能不使朋友伤心呢？

伤心和失望会使你的朋友离你而去的。没有武二郎的本事，却还要"明知山有虎，偏向虎山行"，这种做法，不是勇猛，而是愚蠢。因为明知自己打不过"老虎"，却还要去拿生命作赌注，不是愚蠢是什么呢？

没有人会同情一个由于固执己见而失败的人，相反，除了朋友在伤心之余痛惜外，还会招来对手的痛快、嘲笑和幸灾乐祸。所以，这种令亲者痛仇者快的事是万万做不得的。

因此，要善于接受别人的意见，特别是朋友的忠告更应该虚心听取。"良药苦口利于病，忠言逆耳利于行"。奉承的语言我们可以不去理会，但诚恳的忠告却一定要用心去听，特别是在自己有了错误的时候。头撞南墙的滋味并不好受，干吗非得要等到头破血流才罢休呢？

不管是普通人还是伟人，不管你是个小职员还是个领导者，都应该养成善于接受他人意见的习惯。但是，这种善于接受意见绝不是无主见的接受，把别人的话当做救命的稻草。就人来说，我们要慎听幼稚轻率者的献策；就事来讲，要慎听那种过激的言论。对于别人的意见，要经过自己的深思熟虑之后才能接受。

还要注意的就是不要偏听偏信。偏听偏信往往会使你由这个错误走向那个错误。"兼听则明，偏听则暗"，要有比较、有选择。

固执己见者由于过于"迷信"自己，一味地执迷不悟，有时就难免言行过激，有极端化倾向。他们顽固的"自信"，对其他人的话充耳不闻，但又生怕自己不被人重视，得不到他人的承认。于是，在顽固的"自信力"的支持下，义无反顾地沿着错误道路走下去，过激言行不但没有扭转错误方向，反而加快了失败的到来。

老百姓有句俗话："听人劝，吃饱饭。"刚愎自用、钻"牛角尖儿"，只会使前面的路越来越窄，越来越走不通，它不是成功之路，而是失败之途。

失败性格之三：牢骚满腹

即使感觉怀才不遇，也不能表现出来，你越沉不住气，别人越看清你，那么你恐怕只能一辈子怀才不遇下去了。

怀才不遇者处处皆有，这种人普遍的现象是牢骚满腹，喜欢批评。有时显出一副悒郁不得志的样子。好像别人总欠着他什么。

或许，他们中真有怀才不遇者。因为客观条件无法配合。"虎落平阳遭犬欺，龙游浅滩遭虾戏"，但为了生活，又不得不屈就其中，这种痛苦确实难以忍受。

难道天下才华横溢的人都会落入这一深渊吗？事实并非如此。因为真正有才能的人常自视过高，目空一切，看不起不如他的人。可是，社会上的事有时非常复杂，并不能因为你有成就就可以任意地放纵自己。总有人看不惯你的自命清高和目中无人，他总会在某种状况下，给你难堪，不合作，甚至整治你。而你的领导更会觉得你不服他，还可能担心你的才干会威胁到他的位置，如果你不适当收敛，你的领导会对你耿耿于怀，甚至有意压制你，打击你。那么，你的状况自然会很难受的，你真的变得"怀才不遇"了。

还有一种怀才不遇者实际上是自以为是的庸才。他不被领导重用是因为他本身腹内空空，胸无才志，并不是因为遭人嫉妒和陷害。他不能很好地正视自己，反而以为自己怀才不遇，牢骚满腹，怨天尤人。

这两类怀才不遇者在生活中并不少见。这样的人并不讨人喜欢。在与这种人交谈中，他总是不厌其烦地数落他人，他的同事，他的上级，吹嘘自己的本事。

那些具有强烈的怀才不遇者最终的结果是把自己孤立在小圈子里，无法参与其他人的圈子，每个人都怕惹麻烦而不敢跟这种人打交道，人人视之为"怪物"，敬而远之。这种人的结局往往是或者辞职，或者调出，或者依然做着小职员的角色，或者在原单位继续"怀才不遇"下去。

每个人都会遇到才华无法施展之时，这时候要特别注意：即使感觉怀才不遇，也不能表现出来，你越沉不住气，别人越看清你，那么你恐怕只能一辈子怀才不遇下去了。

那么，遇到这种情况，我们应该如何面对呢？

先评估自己的能力，看看是否把自己过高估计了。自己评估时难免有偏颇之时，你可以找朋友和较熟悉的同事替你分析，如果别人的评价比你自我评估还低，那么虚心接受这种结果。

检讨为何自己能力无法施展？是一时无恰当的机会？还是大环境的限制？还是人为的阻碍？如果是机会问题，那么只好耐心等待；如果是大环境问题，那只好辞职；如果是人为因素，可以沟通，并且想想是否有得罪人之处，如果是，就要想办法疏通。

考虑拿出其他专长。有时，怀才不遇者是因为用错了专长，如果你有第二专长，那么可以要求上司给你机会试试，说不定就此打开了一条生路。

营造更和谐的人际关系，不要成为别人躲避的对象，反而更应该以你的才干协助其他同事，但要知道，帮助别人也不要居功自傲，以为是自己的资本到处炫耀。否则，会吓跑你的同事。此外，谦虚客气，广结善缘，这将为你带来意想不到的好处。

继续强化你的才干，当时机成熟之时，你的才干会为你带来耀眼的光芒。

最好不要有怀才不遇的感觉，因为这会成为你心理上的负担，谦卑地做你该做的事，就算大材小用，也是快乐的。

失败性格之四：气度狭小

鼠肚鸡肠、气度狭小，因一件小事就耿耿于怀的人终究成不了大气候，难成大业。纵有雄心壮志，也是枉然。

《菜根谭》中教人圆滑处世的智慧之一便是宽容他人，宽容别人方能与之建立起良好的关系，像班超、欧阳修一样，宽容他人的过错，就会赢得朋友，赢得别人的佩服与尊敬。宽容别人可以消除彼此之间的怨恨。原谅他人的错误可以创造一个宽松的工作环境。

"不责人小过，不发人隐私，不念人旧恶，三者可以养德，亦可以远害。"

宽容他人，需要自己有度量。何谓"度量"？度量，原本是指计量长短和容积的标准。人们后来拿它喻指人的器量胸襟。柳宗元在《柳常侍行状》中道："惟公质貌魁杰，度量宏大。"就是这个喻义了。

"将军额上能跑马，宰相肚里能撑船。"蔺相如位尊人上，廉颇不服，屡次挑衅，但他仍以国家利益为上，以社稷为重，处处忍让，是度量大也。三国时期的蒋琬，身为尚书令，找一个部下谈话，那人不理他，他不计较，还有下属在背后说他的坏话，认为他办事不行，不如前人。有人向他告发，他也毫不介意，还说他说得对，我确实不如前人。何以如此，气量大也。

有的人却气量狭窄，锱铢必较，小肚鸡肠，不能容事。西方近代天文学之父弟谷就曾是一个度量狭小的人。他在学校读书时，因为一个数学问题与一个同学发生争执，他竟决定与人决斗。决斗中，弟谷的鼻子被对方削掉，只好在下半辈子戴着个假鼻子度日。

看来，气量狭窄不仅于人于事有害，还对自己有害。《三国演义》中，诸葛亮气死周瑜、骂死王郎，这两个人怎么这么容易就死了？皆因为气量狭窄。我国汉代的才子贾谊，他的《过秦论》、《论积贮疏》以及大赋名满天下，流传至今，可他却在32岁那年，因遭权贵的诽谤、排挤，"自哭自泣，至于天绝"。为什么会这样呢？气量小也。

一个人度量的大小，根本原因就在于是否志存高远。有远大抱负的人，是不会计较眼前的得得失失、个人荣辱的，因胸怀大志，才胸襟开阔。"西安事变"发生后，很多人都主张处死蒋介石，周恩来等人都曾在"四·一二政变"后遭到蒋介石的悬赏通缉。此时，可以说杀蒋易如反掌。可国难当头，为了国家与民族的利益，周恩来亲赴西安、劝说张学良、杨虎城释放蒋介石，以促成共同抗日。

没有救人民于水火、抵外侮于国门外的远大目标，能做到这一点吗？干脆，杀了蒋介石解除了多少人的心头大恨，但那却是不智之举。

再如宋代的欧阳修，他在朝中担任要职时，荐举王安石、吕公著、司马光三人可以当宰相，而这三人对欧阳修可以说都很不敬。欧阳修因为欣赏王安石的才华，曾赠诗王安石，希望他在政治、文学上能取得卓越超群的成就。而王安石却没把他放在眼里，还回赠诗："他日倘能窥孟子，此身要敢望韩公。"给欧阳修吃了一个闭门羹。吕公著是前朝宰相吕夷简的儿子，他们父子二人都曾攻击过欧阳修，欧阳修贬官滁州，就有他们父子从中推波助澜。司马光与欧阳修也不睦，还当面顶撞，指责他。但是欧阳修觉得此三人有才学，有能力胜任宰相一职，认为他们能为国家做一些事情，因此以如海之度量举荐这三个人。

若没有为社稷着想、以国事为重的观念，怎能如此外举不避"仇"？而欧阳修也以其宽广的胸怀为后人所称道。

鼠肚鸡肠、气度狭小，因一件小事就耿耿于怀的人终究成不了大气候，难成大业。纵有雄心壮志，也是枉然。

失败性格之五：缺乏自控

损害他人的物质利益也许并不是太严重的问题，而损害他人的感情和自尊却无异于自绝后路。

生活中非理性的因素很多，我们常常会因为某些非理性的因素而控制不住自己的情绪，造成一些不该有的后果。

面临这样的场景，你会发火吗——当公共汽车到站时，一个人才从车中间拿起行李，挺费劲地挪到车门口，下了车，因他行动太慢，大家免不了陪他一会儿功夫。这事情放在急性子的售票员身上，他免不了要敦促并数落几句，或许还会夹杂一些多少有辱斯文的话语。其实，这样的场合多了，可你不能老是这样气急败坏地敦促人呀？该调整的是你售票员自己。你不妨想想，这人或许天生的行动迟缓，不知挨了老婆多少骂！老婆骂他都不管用，你还操什么心？

这样安慰自己，逻辑上说不过去，但于情有益，因为你压住了火气，很幽默、现实地把这事解决了。

当然，人不可能永远做老好人，该发的火还是要发。比如说，你在午休，有一群小孩子在你窗外的胡同里大喊大叫地踢球，你理会不理会？这不是以大欺小，这是正当的行为：虽然他们还很小，但他们的行为妨碍了别人的正当权益。在这种情况下，忍住不发脾气等于在纵容别人做不该做的事。

世界之大，使我们每一个人能感知到的事物极其有限，我们的生命也显得极为有限，一些烦琐小事投射到我们的心灵世界时，就可能变得极其复杂、丰富。

在生活中，我们感觉周围的事物，形成我们的观念，做出我们的评价，以及相应地判断、决策等，无一不是通过我们的心理世界来进行的，只要是经由主观的心理世界来认识和体察事物，就不可避免会使我们对事物的认识和判断产生偏差，受到非理性因素的干扰和影响。

愤怒，这会使人失去理智思考的机会，在许多场合，因为不可抑制的愤怒，使人失去了解决问题和冲突的良好机会。

尤其是，一时冲动的愤怒，可能意味着事过之后要付出高昂的弥补代价，你在实际生活中，愤怒造成的损失往往是难以弥补的。你可能从此失去一个好朋友，失去一批客户，而别人对你的合作也会产生疑虑。

人在愤怒情绪的支配下，往往不顾及别人的尊严，并且严重地伤害了别人的面子。损害他人的物质利益也许并不是太严重的问题，而损害他人的感情和自尊却无异于自绝后路。

狂躁。狂躁给人以一种假象，仿佛此人精力充沛，说话与做事都那么有感染力，显得咄咄逼人。

初次接触狂躁者时，许多人都会产生错误的感觉，以为他是那么地具有活力，使人感动，可是，随着时间的推移，以及了解的加深，你也许会发现，狂躁其实不过是一张白纸。

你会发现他狂躁表面下隐藏的缺陷：

他的谈话没有深度，他行事缺乏条理和计划性；他说过话转眼就会忘记，交给他的任务也不会认真对待。

狂躁的情绪容易使人陶醉，因为狂躁者的自我感觉好极了，他会显得雄心勃勃。可是，世界上没有狂躁者成功的例子，狂躁是情绪的极端。

猜疑。猜疑是人际关系的腐蚀剂，它可以使触手可及的成功机会毁于一旦。

许多猜疑最终都证明是误会，如果相互之间的沟通顺畅，那么猜疑的霉菌就无处生长。对成功路上艰难跋涉的追求者来说，猜疑将是一个随时可能吞没你整个宏伟事业的陷阱。因为你的猜疑可能随时被别人利用，而蒙在鼓里的你还浑然不觉。其实，只要你细加分析，就不难发现，猜疑是多么的没有道理和破绽百出。

猜疑的另一个原因是对自己的控制能力缺乏足够的自信。为什么会猜疑？因为担心自己的利益受到损害，而这种担心显然是由于对自己控制局面的能力信心不足。

抑郁。在前面我们已提到，要想取得成功，必须要控制自己的抑郁情绪，的确是这样，成功途中最可怕的敌人是抑郁。

如果说别的消极情绪是成功路上的障碍，使成功之路变得漫长和艰险，那么，抑郁从根本上说就是与成功背道而驰。克服别的情绪可能只是个修养和技巧的问题，克服抑郁却是一项庞大的工程。

一个追求成功的人如果染上抑郁，那么，已经取得的成功也许会离他而去。因为成功带给他的不是喜悦，不能使他兴奋起来，他沉浸在自己的琐碎体验里不可自拔。

抑郁者仿佛是一个随时驮着壳的蜗牛，只是束缚他的茧壳是无形的；抑郁者宛若置身于一个孤独的城堡，他出不来，别人也进不去。

嫉妒。嫉妒使人心中充满恶意、伤害。如果一个人在生活中产生了嫉妒情绪，那么他就从此生活在阴暗的角落里，不能在阳光下光明磊落地说和做，而是面对别人的成功或优势咬牙切齿，恨得心痛。

易嫉妒的人伤害的首先是自己，因为他把时间、精力和生命不是放在人生的积极进取上，而是日复一日的蹉跎其中。

嫉妒同时也会使人变得消沉，或是充满仇恨，如果一个人心中变得消沉或是充满仇恨，那么他距离成功也就越来越远。

恐惧。一次失败的经历或尴尬的遭遇都可能使人变得恐惧。比如经历过一次在公众面前语无伦次的演讲，可能使他从此恐惧演讲。

这无疑使他在生活中凭空少了许多机会，本来可能通过一番演说和游说来获得的成功机会，将从手指缝里溜走。恐惧的泛化还能导致焦虑，焦虑的情绪甚至比恐惧还要糟糕。

过分的担忧可能导致产生恐惧，而恐惧使人学会逃避、躲藏，而不是迎接挑战。对某些事物的恐惧情绪，可能来自于缺乏自信或自卑。

有些人把焦虑情绪形容为"热锅上的蚂蚁"，这个比喻相当准确，也相当形象。产生恐惧情绪而不想方设法加以控制和克服，就相当于默认自己是个怯懦的失败者。成功之路中小小的失败就令他望而却步，驻足不前，那么，成功后可能面临的更大的挑战又如何能应付呢？

紧张。适度的紧张使我们能集中精力，不至分神。但紧张过度却会使我们长期的准备工作付诸东流。

一个成功者，他也许一直都有些紧张的情绪，但之所以成功，是因为他已经学会了如何控制紧张。美国历史上最著名的总统林肯，当众演讲时始终有些紧张，可是他知道如何控制和巧妙地掩饰过去，不让台下的听众觉察出来。

如何控制以上所说的非理性因素造成的不良情绪？看看下面这个故事。

美国一家公司的经理想出了一种很好的办法，以发泄他的怒气。年轻的时候，他在本公司里做一个小职员，当然，提升的渴望和现实有很大的出入，于是，他提起纸笔，想写辞职信。

在写辞职信之前，他为了发泄自己的不平，就在纸上写下了对公司中每个上级职员和经理的评判。写好后，他拿去让一位老朋友看。

那位朋友很有心计，他取出一枝蓝色水笔，让这位不平的朋友把公司中那些人的才能也写出来，同时列出在十年之内如何提升自己的计划。

当这些东西都写出来后，这位公司职员的怨气消了很多，他决定继续在这个公司做下去，因为与他相处的上级职员和经理既有缺点，也有优点，兼顾二者的话，他认为自己没有充分的理由离开这些人。

从此，这位职员学会了一种发泄不平的方法，凡是忍不住的时候，他都要把心中的情绪写下来，看一看，心境就平和了许多。

失败性格之六：尖酸刻薄

> 说话尖刻，足以伤人情，伤人情最后的结果，却是伤了自己！

虽然说："沉默是金。"但是人与人相处，不能始终默不作声，就是最沉默的人，在必要时，也不能不说几句话。说话是沟通彼此感情的最好工具，你好与熟人讲话，不算本领；能与生人讲话，说得倾心如故，相见恨晚，才是你的本领。既然说话的目的在于沟通情谊，当然应力求避免说话失人和。说话实在是做人之道。古人所谓："片言之误，可以启万口之识。"而一般初入世的后生，说话宜少不宜多，宜小心不宜大意，要说话以前，先得想一想，替听你话的人考虑一下，他愿意听的话，才出口谈之，他不愿听的话，还是不说为妙。所谓不愿听的话，也有种种：老生常谈，他是不愿意听的；一说再说，耳熟能详，他是不愿意听的；与他心境相反，他是不愿意听的；与他主张相反，他是不愿听的；与他无关，他是不愿意听的；与他利害冲突，他是不愿听的；与他程度不同，他是不愿听的；有关他的创痕，他也是不愿听的；有关他的隐私，他更是不愿听的；然而人们最不愿听，该算是尖酸刻薄的话了。

说话所引起的反应，可能有以下几种：第一种是甜蜜之味，第二种是辛辣之味，第三种是爽脆之味。第四种是新奇之味，第五种是苦涩之味，第六种是寒酸之味，而最坏的反应，则是创痛之味。淡言微语，令人回味，对方自会发生好感；热情洋溢，句句打入心坎，对方自然会产生甜蜜的反应；激昂慷慨，言人所不敢言，对方自会发生辛辣的反应；知无不言，言无不尽，对方自会以生爽脆的反应；"以反人为实"，"好为无端涯之言"，对方自会发生新奇反应；陈义晦涩，言辞拙讷，对方自会发生苦涩反应；一味诉苦，到处乞怜，对方自会发生寒酸反应；好放冷箭，伤人为快，伤人越甚，越以为快，对方自会发生创痛的反应；能得甜蜜反应者为上，能得爽脆反应者为次，能得辛辣反应者更次，得到新奇的反应，苦涩的反应，寒酸的反应的话都是不等，而得到创痛反应的话，就更是大反人情了。

但是说尖刻话的人，未尝不知其伤人，而以伤人为快，这是什么道理？这完全是心理的病态，而心理之所以有此病态，也自有根源，是后天性的，不是先天性。换句话说，这是环境逼他走入歧途。

第一，他有些小聪明，且颇以聪明自负，而一般人却不承认他是聪明，因此他有生不逢时之感；第二，他更有强烈的自尊心，希望一般人尊重他，偏偏没有这回事，因此他对于任何人都产生仇视的心理；第三，仇视的心理，累积很久，始终找不到消解的机会，他自己又不知注重自身的修养，于是这种仇视心理只有找到发泄之途，谁是他仇恨的对象？因为刺激的方面太多，早已成为极复杂的观念，复杂简单化，每个与他接触的人，都成为发泄的对象。他认为人们都是可恶的，不问有无旧恨，有无新仇，都要伺机而动、滥放冷箭。你如果已犯了这个病，你先得明白这种病的危险，不去医治，结果必是众叛亲离，不要说在社会上，只有失败不会成功，即使在家庭，亲如父兄妻子，也无法水乳交融。不过父兄妻子，关系太密切，在无可原谅之中，仍与之原谅。社会上的人，就绝不会对你这么宽厚，而必然以眼还眼，以牙还牙，总有一天，你会成为大众的箭靶子。所以说话尖刻，足以伤人情，伤人情最后的结果，却是伤了自己！

人都有不平之气，对方说的话，你觉得不入耳，不妨充耳不闻，对方的行为，你觉得不顺眼，不妨视而不见，何必过分认真一定要报以尖刻。与你无关的固不该予以反击，即使与你有关的，也应该直受而不报。何况对方的说话行为，如能平心静气的思考一下，也未必与你有大不利，又何必斤斤计较呢？

失败性格之七：锋芒太露

> 锋芒对于你，只有害处，不会有益处，额上生角，必触伤别
> 人，你自己不把角磨平，别人必将力折你的角。

"人不知，而不愠，不亦君子乎！"可见人不知我，心里老大不高兴，这是人之常情。尤其是年轻人，总是希望在最短时期内使人家知道你是个不平凡的人。想让全世界都知道，当然不可能，使全国人都知道，还是不可能，使一个地方的人都知道，也仍然不可能，那么总至少要使一个团体的人都知道吧！要使人知道自己，当然先要引起大家的注意，要引起大家的注意，只有从言语行动方面着手，于是便容易露出言语锋芒，行动锋芒。

锋芒是刺激大家的最有效方法，但若细细看看周围的同事，若是处世已有历史，已有经验的同事，他们却与你完全相反。"和光同尘"毫无棱角，言语发此，行动亦然，个个深藏不露，好像他们都是庸才，谁知他们

的才，颇有位于你上者，好像个个都很讷言，谁知其中颇有善辩者，好像个个都无大志，谁知颇有雄才大略而愿久居人下者，但是他们却不肯在言语上露锋芒，在行动上露锋芒，这是什么道理？

因为他们有所顾忌，言语锋芒，便要得罪旁人，被得罪了的旁人便成为你的阻力，成为你的破坏者；行动锋芒，便要惹旁人的妒忌，旁人妒忌也会成为你的阻力，成为你的阻力，便也成为你的破坏者。你的四周，都是你的阻力或你的破坏者，在这种情形下，你的立足点都没有了，哪里还能实现你扬名立身的目的？

年轻人往往树敌太多，与同事不能水乳交融的相处，就是因为言语锋芒的缘故，言语所以锋芒，行动所以锋芒，是急于求知于人的缘故，处世已有历史，而有经验的同事，所以"以缄合欢"，也是因为曾受过了这种教训。

陈先生在年轻时代以备有三种特长而自负，笔头写得过人，舌头说得过人，拳头打得过人。在学校读书时，已是一员狠将，不怕同学，不怕师长，以为他们都不及他，初入社会，还是这样的骄傲自负，结果得罪了许多人，不过，他觉悟很快，一经好友提醒，便连忙负荆请罪，倒是消除了不少的嫌怨。但是无心之过仍然难免，结果终究还是遭受了挫折。俗语说，久病成良医，他在受足了痛苦的教训后，才知道言行锋芒太露，就是自己为自己前途所安排的荆棘，有人为了避免再犯无心之过，就故意效法金人之三缄其口，即使不能开口，也是多方审慎，虽然"矫枉者必过其正"，但是要掩盖先天的缺点，就不能不如此。因此若听见旁人说你世故人情太熟，做事过分小心，不但不要见怪，反而要感到高兴才是。

当然也许你会说，采用这样的办法不是永远无人知道吗？其实只要一有表现本领的机会，你把握这个机会，做出过人的成绩来，大家自然就会知道。这种表现本领的机会，不怕没有，只怕把握不牢，只怕做的成绩不能使人特别满意。你已有真实的本领，就要留意表现的机会，没有真实的本领，就要赶快从事预备，《易经》上说："君子藏器于身，待时而动。"无此器最难，有此器不患无此时。锋芒对于你，只有害处，不会有益处，额上生角，必触伤别人，你自己不把角磨平，别人必将力折你的角，角一旦被折，其伤害更多，而锋芒就是人额头上的角啊！

因此，想要在事业上一展才华的人，要记得千万别锋芒太露。

失败性格之八：虚荣攀比

> 越是没钱的人，越爱装阔。穷人的虚荣心总比富人强。

一个哲学家应邀去参观朋友富丽堂皇的新居。当他走进宽敞漂亮的客厅时，他问朋友为什么把房间搞得这么大，那个富有的朋友说："因为我支付得起。"

然后，他们又走进一间可容纳60人的大厅，哲学家又问朋友："为什么要这么大？"这个人再次说："因为我支付得起。"最后，哲学家愤怒地转向朋友说："你为什么戴这么一顶小帽子？你为什么不戴一顶比你的脑袋大10倍的帽子？你也支付得起呀！"

由于这类奢侈和浪费，绅士们将会变得贫困，而被迫向那些曾为他们所不屑的人去借债，而最初贫穷的人则会通过勤劳与节俭赢得地位。显然，一个站立的农夫要比一个跪下的绅士高大。

一旦你买了一件漂亮的物品，你还会去买10件，然后便一发而不可收。如果你不能压住你的第一个愿望，那么随之而来的愿望就无法满足。如果穷人模仿富人，那是愚蠢的，如同青蛙要把自己胀得像牛一般大一样。

学会花钱，也是改变人生境遇的一个必要条件。世界上最会赚钱的人，无不是最会花钱的人。小气，并不是讽刺，这是有钱人的看家本领。精打细算，不乱花钱，是大富翁的真正风度。

然而，在我们的生活中，还会发现另外一种现象：越是没钱的人，越爱装阔。这似乎是个心理问题，因为大多没钱的人容易产生抗拒心理，他们内心常在交战："难道我只能买这种便宜货吗？"自怜便油然而生，更因顾虑到别人的眼光感到不安。所以当他们面对一件商品时，往往考虑虚荣要比考虑价格的时候多，没钱的自卑感像魔鬼一样缠得他们犹豫不决，最终屈服于虚荣，勉强买下自己能力所不能及的东西。于是，社会中有了一种怪现象，越穷的人，越不喜欢廉价品。仔细想想，有时候穷人的虚荣心总比富人强，他们会因为乱花钱而永远无法存钱。

年轻人往往是最爱虚荣的，一个刚赚了一点钱的小伙子，却非要常去吃高级餐馆，进高级酒店。有些只租得起几平方米小房间居住的年轻人，却非要倾其所有积蓄买一部汽车。试想，这样的年轻人又怎能不穷呢？越穷越装阔，越装阔越穷，形成了一个跳不出去的贫穷的恶性循环。

那样，无论你是富有者还是穷人，抛掉你那些挥霍无度的愚蠢行动吧！这样你就不会有那么多世道艰难、家庭不堪重负之类的抱怨了。

失败性格之九：慵懒怠惰

> 懒惰、懈怠从来没有在世界历史上留下好名声，也永远不会留下好名声。

有一位外国人周游世界各地，见识十分丰富。他对生活在不同地位、不同国家的人有相当深刻的了解，当有人问他不同民族的最大的共同性是什么，或者说最大的特点是什么时，这位外国人用不大流畅的英语回答说："好逸恶劳乃是人类最大的特点。"

无论王侯、贵族、君主还是普通市民都具有这个特点，人们总想尽力享受劳动成果，却不愿从事艰苦的劳动。懒惰、好逸恶劳这种本性是如此的根深蒂固、普遍存在，以至于人们为这种本性所驱使，往往不惜毁灭其他的民族，乃至整个社会。为了维持社会的和谐、统一，往往需要一种强制力量来迫使人们克服懒惰这一习性，不断地劳动。由此就产生了专制政府，英国哲学家穆勒这样认为。

无论是对个人还是对一个民族而言，懒惰都是一种堕落的、具有毁灭性的东西。懒惰、懈怠从来没有在世界历史上留下好名声，也永远不会留下好名声。懒惰是一种精神腐蚀剂，因为懒惰，人们不愿意爬过一个小山岗；因为懒惰，人们不愿意去战胜那些完全可以战胜的困难。

因此，那些生性懒惰的人不可能在社会生活中成为一个成功者，他们永远是失败者。成功只会光顾那些辛勤劳动的人们。懒惰是一种恶劣而卑鄙的精神重负。人们一旦背上了懒惰这个包袱，就只会整天怨天尤人，精神沮丧、无所事事，这种人完全是一种对社会无用的卑鄙之人。

英国圣公会牧师、学者、著名作家伯顿给世人留下了一本内容深奥却十分有趣的书《忧郁的剖析》——约翰逊说，这是惟一一本使他每天提早两个小时起来拜读的书——伯顿在书中提出了许多特别独到而精辟的论断。

他指出：精神抑郁、沮丧总是与懒惰、无所事事联系在一起的。"懒惰是一种毒药，它既毒害人们的肉体，也毒害人们的心灵，"伯顿说，"懒惰是万恶之源，是滋生邪恶的温床；懒惰是七大致命的罪孽之一，它是恶棍们的靠垫和枕头，懒惰是魔鬼们的灵魂……一条懒惰的狗都遭人唾弃，一个懒惰的人当然无法逃脱世人对他的鄙弃和惩罚。再也没有什么事情比懒惰更加不可救药的了，一个聪明然而却十分懒惰的人本身就是一种灾祸，这种人必然成为邪恶的走卒，是一切恶行的役使者，因为他们的心中已经没有劳动和勤劳的地位，所有的心灵空间必然都让恶魔占据了，这正如死水一潭的臭水坑中的各种寄生虫，各种肮脏的爬虫都疯狂地增长一样，各种邪恶的、肮脏的想法也在那些生性懒惰的人们的心中疯狂地生长，这种人的心思灵魂都被各种邪恶的思想腐蚀、毒化了……"

伯顿对于同一个问题有大量的论述。《忧郁的剖析》这本书的深刻思想也集中体现在该书的这段结束语中。伯顿在该书的最后部分说："你千万要记住这一条——万万不可向懒惰和孤独、寂寞让步，你必然切实地遵循这一原则，无论何时何地也不要违背这一原则，只有遵循这一原则，你的身心才有寄托和依归，你才会得到幸福和快乐；违背了这一原则，你就会跌入万劫不复的深渊。这是必然的结果、绝对的律令。记住这一条：千万不可懒惰，万万不可精神抑郁。"

失败性格之十：勇气不足

　　钱只能暂时助穷人一臂之力。关键是把他引导到正确的道路上，使他能运用思想的力量来改善自己的经济状况。

　　很多人之所以一辈子默默无闻，苦苦挣扎，从根本上讲，乃是他们的心底害怕成功，因而不敢选择成功。

　　曾经有这么一个人，他的经济情况十分窘迫，他的太太也有很多委屈，说是不敢走出门外，因为没有一件像样的衣服。情况确实令人灰心。后来别人给了这对夫妇一本书，希望这本书能帮助他们突破某些想法。这位太太瞥了一眼说："我不看这种东西，里面没什么可看的。"做丈夫的则说："我要看，你摆着吧。"结果，先生开始有了不同的想法，他展现出一种全新的生命力。不到一年的时间，这对夫妇就买了新房，家具全部更新，甚至还有钱买了一部新车。

　　人们并没有给这位先生任何金钱上的资助。当然，就他当时的情况来看，钱对他一定有用。然而，钱只能暂时助穷人一臂之力。关键是把他引导到正确的道路上，使他能运用思想的力量来改善自己的经济状况。这也正是其他想提高自身经济能力的人所需要做的。如果不从根本想法上改变，我们永远别想改善现状。因此，我们要不断告诫自己：我一定能成功！

　　然而，我们每天听到的却是这样的话："我很喜欢那个东西，但是我买不起。""我买不起""我花不起"，没错。你是买不起，但不必挂在嘴上。只要你不断地说"我买不起"，那你一辈子就真的会这样"买不起"下去。选择一个比较积极的想法。你应该说："我会买的，我要得到这个东西。"当你在心中建立了"要得到"、"要买"的想法，你就同时有了期待，就在心里建立了希望。千万不要摧毁你的希望，一旦你舍弃了希望，那么你也就把自己的生活引入了挫折与失望。

有一个一文不名的年轻人，他说："总有一天，我要到欧洲去。"坐在旁边的朋友一听此话便笑了起来："听，这是谁在讲话呀?"20 年之后，那个年轻人带着妻子果然去了欧洲。当时他并没有说："我想去欧洲，就怕我永远花不起这笔钱。"他心抱希望，希望就给了他动力，促使他为了要去欧洲而有所行动。假如你说："我花不起"。那么一切就会停顿，希望没有了，心智迟钝了，精神也丧失了，久而久之我们就会让自己相信事情是不可能的。而如果我们懂得运用"选择的威力"，则能带给我们希望、力量、勇气，使我们能够力行不辍，去获取我们真正想得到的东西。

贝尔发明电话之前，"电话"本来只是他心里的一种想法；电灯泡在发明之前也只是爱迪生心中的一个想法。洛克菲勒在他还一文不名的时候曾说过："有一天，我要变成百万富翁。"他果然实现了愿望。所以，你应该了解：一切你想要得到的东西在还未实现之前，本来都只是一些想法。你的经济情况也一样，先要有想法，然后才会变成现实。想法改变了，外在改变也会随之而来。这可是一条永远不变的法则！如果你经常说"我付不起"、"我永远得不到"、"我注定是受穷的命"……那你就封闭了通往自谋幸福的路，只有不时进行选择性的思想，才会改变想法和现实，必要的时候，不妨运用一下想像力。你不会失望的。以前不敢奢望的好运会降临，生命会有转机，你的生命会出现一种崭新的面貌。

这种威力——即选择的能力，如果运用得法，将能使生活尽如人意，其效果屡试不爽。有一个年轻人，他有一条极其不寻常的经验：他发现每当他存足了 2 万块钱，就有事情来了，诸如一些小小的意外、不测的麻烦……总之他的存款老是无法突破 2 万块钱。我敢说这个年轻人一辈子都解不开这个结，除非他开始运用"选择的威力"，以不同的看法来面对这件事。

还有一个年轻人，是个万事通，他会的事情很多，所做的事也样样成功，可是奇怪得很，他从来都赚不到钱。大家都不懂到底为什么。他有野心，也很有人缘，个性也很开朗，就是在金钱上始终不得意。后来，他终于发现毛病出在哪里了。原来问题就出在他老是说："我样样都行，就是赚钱不行。"这种想法害了他，只要他想通了这一点，情形就会改变。他开始改口说："我什么都行，赚钱也不例外。"结果不到几年，他的经济情况就有了起色。他果然赚到了钱。自此以后，他的经济情况一帆风顺。本来这个人很可能是一辈子都是样样能干，就是不会赚钱；但由于后来他领悟到他所"选择"的是一条思想上的歧途，并设法纠正，他的经济情况就此便有了好转。发挥"选择的威力"，会带动出更强、更有效的赚钱能力。

失败性格之十一：自卑情结

　　自卑情绪有的时候可以转化为巨大的动力，有的时候可能转化为巨大的消极因素，关键看你如何对待它。

　　怀有自卑情绪的人，往往遇事总是认为："我不行""这事我干不了。"其实，他没有试一试就给自己判了死刑。而实际上，只要他专注努力，他是能干好这件事的。认为别人都比自己强，自己处处不如人，这是一种病态心理。在创富过程中，这种心理是非常有害的。

　　危害之一，往往坐失良机。

　　面对创富的机遇出现在眼前，不敢伸手一抓，不敢奋力一搏。未战心先怯，白白贻误创富良机。

　　危害之二，本来可以克服的困难，变成了无法跨越的障碍，使得创富功败垂成。

　　危害之三，卑怯地自怨自艾。

　　久而久之，自卑成"病"，失去创富的雄心和志气。

　　如何克服自卑建立真正的自信？这种自信不仅能够为你不断发现自己各方面的优长之处，而且使得周围环境也对你有这方面的相信。反过来，环境的相信又烘托你的心理，使得你能够在这方面越来越发展。一定要根据自己的条件，横扫身上的一切自卑情绪，这是非常重要的。任何人都有自卑情绪，包括任何一个伟大的人都有自卑情绪。如何对待自卑情结是成功者和不成功者、人生完整者和不完整者的区别。

自卑情绪有的时候可以转化为巨大的动力，有的时候可能转化为巨大的消极因素，关键看你如何对待它。这种转化就是自卑转化为自信。

但凡观念一转变，自卑就变成自信了。

一切靠自己打天下，谋身立命，创建生活，这是一个多么骄傲的品格。当你有了一个成功的人生时，这是你值得回顾的一个人生意味。如果你有点心理障碍，有点缺陷，你就自卑。那么，我们可以告诉你，不必自卑。当你战胜了这些心理障碍，你肯定比别人富有。

既不要妄自尊大，又不要自卑。要不卑不亢，要找到你自己真正值得自信的那些优越之处。既不以那些愚昧、落后的东西骄傲；同时又能发现自己真正值得骄傲的东西。

克服自卑之病吧！只有如此才能笑傲商海，自信地创富。

失败性格之十二：过于敏感

初涉世事的年轻人，往往"脸皮薄"，放不下"清高"的架子，自然也就不为社会所接纳，不能与环境相适应，自然也就难以真正迈出走向社会的第一步。

人们在社会上交往的心态是千差万别的。有些人过于看重别人的脸色，也过于看重自己的面子，生怕在与人交往时吃闭门羹、碰钉子，生怕别人瞧不起自己。所以在交往时，仿佛自己心里有鬼似的，表情也不自然，说话也不地道——甚至摆好的表情也走了样儿，想好的话也变了调儿，对方对这样的人当然很难看得起。于是，对方越是看不起、不喜欢自己便越感到紧张，感到不自在，感到面子上不好看，致使心里压力越来越大，形成恶性循环，这对其以后交往的信心也产生了诸多不良影响。

所以，与人交往，对方喜欢不喜欢是他的事，而你表现得自然不自然是你的事。不要太看重别人怎样看自己，而要看自己怎样看自己。如果把自己看得太小家子气，而把对方看得高大无比，这就在心理上给彼此的交往筑起了障碍，拉大了与对方相处的距离。而这一切，皆缘于过分的、时时处处都想得到满足的自尊心。其实，人的面子是不值钱的，脸皮适当厚一点，也许更有利于拉近与不喜欢自己的人的距离。

有一个朋友跑关系办一个手续，连跑了几个地方，不知为什么，总是受人冷落，解决不了问题。有人说要送礼，他不懂送礼也不愿送礼，只有愤然骂上两句，自己苦恼不堪。

另有一位好心的朋友听说此事后，指点他去直接找某主任。可他到办公室却扑了个空，追到家也没人，还被势利的保姆"损"了几句，觉得很丢面子，他顿时火起，却又"好男不跟女斗"，只得裹着满腹懊恼回到家，发誓再也不去跑关系了。

那位朋友知晓后，哈哈大笑，说："你啊，就这么不济事！在外跑关系办事哪有这么容易的！我跑关系办事儿是一求、二求、三求，不行再四求、五求、六求。事实不可谓不详尽，道理不可谓不充分。现在我不仅脸皮厚了，连头皮都变硬了！"

一席话深深地触动了这位朋友。第二天，他又"厚"了脸皮去找某主任。结果是出人意料的顺利，主任只照例问了一些问题便为他办了手续，烟都未抽一支。

人生一世，存活下去，需要结交无数的关系，需要请无数的人帮忙。办事不跑关系是不可能的；既然要跑关系，脸皮薄了是无济于事的。

"在人屋檐下，不得不低头"，这句话有其客观合理性。初涉世事的年轻人，往往"脸皮薄"，放不下"清高"的架子，自然也就不为社会所接纳，不能与环境相适应，自然也就难以真正迈出走向社会的第一步。

当然，我们说做人脸皮薄了不行，绝不是在为厚黑学打廉价广告，也绝不是要大家放弃原则和人格尊严。厚颜过度则曰无耻。但对于我们所说的"脸皮特薄者"而言，懂得"脸皮薄了不行"，洗掉身上的迂腐和矜持，才能锲而不舍，以柔克刚，取得社会交际的最后成功。

失败者的一面镜子

一个失败者也有一面镜子，他会发现他的身上竟有着这样或那样的障碍，这些障碍在影响着你成功。

一个圣贤面前有一面镜子，照着他的是他的灵魂，为了灵魂的完美，他需要这样一面镜子来检查自己的心性与人格。一个事业家也有一面镜子，这面镜子能照见他事业上有多少缺点与不足。他能发现这些不足，所以他的事业总是越做越好。

一个失败者也有一面镜子，他会发现他的身上竟有着这样或那样的障碍，这些障碍在影响着他成功。

1. 缺乏人生目标。我们都知道一个没有人生目标的人就没有成功的希望。大多数人就处于这种状态，这就成了他们失败的主要原因。

2. 对什么都无所谓，缺乏理想与抱负。

3. 缺乏足够的教育。明知道自己的知识不够，又不好学。其实这个缺点是很容易克服的。

4. 缺乏自律。纪律来自于自我控制，一个人必须能控制住自己所有的行为、情绪，你如果不能征服自己，就会被自己所征服。

5. 健康不佳。一个人没有健康的身体，便很难成功。健康不佳的原因有很多种，除了先天性的之外都是可以克服的。

6. 拖沓。挥之不去的拖沓总是时刻跟随着你，等待着破坏你成功的机会。拖沓这是一种最为常见的失败原因，几乎每一个人都有。有着这种毛病的人总会让机会从他身边白白溜走。

7. 过分小心谨慎。一个人如果不愿冒风险，通常只能选择别人所剩下的东西。因为人生到处都是不可预知的机遇。过分的谨慎与不谨慎都是不可取的。

8. 消极的个性。消极的个性是不会获得别人的合作的，同时也会失去合作伙伴。

9. 缺乏百折不挠的精神。百折不挠的精神是没有任何东西可以取代的。很多人做事虎头蛇尾，而且还没有看到失败的迹象便立即有退却的想法，事业自然是不会成功。

10. 不能控制不良的欲望。不良欲望往往会导致一个人事业的失败。

11. 缺乏迅速的决断能力。失败的人通常决定缓慢并且常常改变主意。一个成功的人为什么会成功，是因为他们除了迅速果断地下决心之外，并能根据情况的变化而改变他的决定。

12. 选择了错误的事业伙伴。商业失败的原因以这点最为多见。从事一项事业，要紧的是有一个好的合作伙伴。

13. 选错职业。一个人如果对自己的职业不喜欢，那是不会成功的。最为理想的职业就是自己能全身心地去投入其中。

14. 缺乏专心致志。不将自己的全部精力投入到某一件事上，样样都会一点的人，将什么都不会。

15. 缺乏热情。一个人的热情是有着无形的感染力的，会处处受欢迎。一个没有热情的人是不会有人信任的。

16. 花钱没有节制。一个挥金如土的人是不可能成功的，因为他不会过节俭的生活，没有计划储蓄的习惯，一个人没有钱，就只能接受别人强加给他的工作。

17. 偏执。偏执就是偏激而固执己见、不愿听取和采纳别人的意见。我们所要知道的是不能听取他人意见的人是不可能获得成功的。

18. 没有节制。一个人如果沉溺于一些不良嗜好之中，会构成你事业的致命伤，使你很难获得成功。

19. 没有与人合作的能力。因为不能与别人合作，而丧失了机遇。凡是要求自己有所作为的人不会容忍自己有这种弱点。

20. 蓄意欺骗。一个蓄意欺骗的人不会获得成功，丧失信誉直到丧失自由，迟早会自食恶果。

21. 自大虚荣。这些缺点就好像是你人生路上的一个高挂的红灯，令人望而却步。

22. 以猜测代替思考。大多数人不很注意问题的实质，他们宁愿猜测或草率的判断去采取行动。

以上这些都是成功的巨大障碍，在你静思时就像面对着一面镜子用来照看自己，你会发现自己身上有着多少缺点。当然大多数人都是旁观者清当局者迷，为了了解自己身上这些缺点，不妨找个好友，请他帮你分析一下你的优缺点。这是静修中的一课。

以上这些是每一个盼望着成功者的致命伤，如何克服这些缺点，第一个就是要认真面对自己的缺点，不要逃避。只有勇于面对才能拯救自己。

第四章

魅力就是影响力，好性格带来好人缘

培养人见人爱的个性

为人处事检点小节

受人欢迎的说话态度

让自己言行友善、举止得体

不露轻浮，尽显大将风度

善于利用性格魅力

男人的魅力来自于好的性格

男人的魅力来自于好的性格

> 优秀的男子汉之所以有作为，除了具有良好的智力、渊博的
> 知识和高超的能力以外，还必须具有一种和一般人不同的性格。

在世界上能被人称得上人才的，无疑男子汉占了绝大多数。这些人类的佼佼者、优秀的男子汉之所以有作为，除了具有良好的智力、渊博的知识和高超的能力以外，还必须具有一种和一般人不同的性格。

这独特的性格，对他们成功起着相当重要的作用，从某种意义上说，甚至起了决定性作用。

那么，魅力男人一般具备哪些性格特征呢？

1. 对待现实的态度

在对待人生的态度上，他们是积极地奋发向上的。既不消极颓废，悲观厌世，也不掉以轻心，得过且过，至少他们在取得成就以前是这样。

在对待社会的态度上，魅力男人比一般人更认真负责。身为社会组织的一员，魅力男人可算是优秀分子。他们对于公民应尽的责任像一般人同样地履行着，而且不会牺牲他人利益以谋求自己的利益。

魅力男人有崇高的集体主义精神，因此比一般人在事业上更易于合作。巴甫洛夫说："我领导的这个集体内，互助气氛解决一切。我们大家都为一个共同的事业而努力，而且每个人都按自己的力量和可能性来推动这共同的事业。"

从事研究的魅力男人喜欢独立自主，不喜拘束，希望能控制四周的环境。同时，魅力男人又相当谦逊，绝不自高自大。

在对待学习和工作的态度上，兴趣广泛，求知欲望强烈，坚定不移地热爱自己的事业。达尔文说："我从很小的时候起，就有一种强烈的要求去理解或解说我所观察到的事物。"他还说："更重要的是，我对于自然科学的爱好是坚定而强烈的。"不仅如此，魅力男人还喜欢独立思考，富于首创精神，绝不墨守陈规。

对于他人，魅力男人保持伟大的情操，极愿意培养年轻的一辈以超过

他们自己，即使后起之秀的辉煌成就使自己黯然失色也在所不惜。牛顿27岁时，他的主指导教授、39岁的巴洛罗就自愿辞去自己的数学讲座教授，推荐牛顿担任。

2. 意志特征方面

魅力男人从不无所事事，虚度光阴。魅力男人的行为比一般人更具有目的性。

魅力男人具有高度的自制力，特别是从事研究工作的魅力男人多有强烈的自我意识，这常促其过度自重、并严格地控制自己。他们很少勃然大怒，失去理智或喋喋不休。

几乎所有有成就的魅力男人都具有一种百折不回的精神，因为大凡有成就的人在面临挫折的时候，都需要毅力和勇气。

3. 理智性方面

在感知方面，魅力男人大都属于主观观察型。他们能根据自己的任务和兴趣自觉地接受信息和观察事物，而且肯动脑筋，所以他们体验事物和理解问题往往比一般人更深刻、更精细、更全面、更容易找出事物与事物之间的相互关系。

魅力男人的想象力比一般人更大胆、更广阔，甚至近乎幻想。

魅力男人的思维特征是相当重要的。他们的思维态度比一般人更积极、主动、持久；容易产生联想且联想异常迅速、异常丰富、异常直觉，也锐敏；思路清晰有条理，富有创造性思维。

在看待这些性格特征的时候，我们决不能将它们互相孤立起来，应当把它们当作一个完整的结合体。因为一个人的性格决不是各种性格的简单堆砌。在同一个性格的各个特征之间是有着相当紧密的内在联系的。另外，我们还应看到，性格虽然是一种稳固的态度体系和习惯行为方式，但它决不是一成不变的。

善于利用性格魅力

"性格塑造人"，同样也是性格塑造成功。热忱、亲切、随和、谦恭、温和、宽容、感染力这些优秀的品质构成了你令人愉悦的个性，从而有助于你获得成功。

青年人应当明白：拥有魅力在无形中已建立了你的竞争优势，你给很多人留下了深刻的印象，自然与他人建立合作的可能性就增加了。同时，你往往能做到更有效地协调人际关系，影响力更大，更容易给对方留下难以磨灭的印象。有魅力的人往往在成功的道路上畅通无阻。所以，培养你的魅力，使自己成为有魅力的人是你走向成功的重要一课。这就叫"魅力资本"。

你可能会为一个才华横溢的人所折服，也可能会为一个妙语连珠的人所折服，但你更可能对一个性情温和、充满宽容与友爱之心的人留下深刻的印象。所以，构成一个人魅力的最核心因素往往不仅仅是天赋与才华，更重要的是一个人的性格、一个人的个性。

但一谈到性格或者个性，往往很多人就感到失望，因为他们认为个性或性格是很难改变的东西，所以要通过个性的培养成为一个有魅力的人实在很困难。这种说法有一定道理，但不完全对。改变一个人的个性是很难，但不是没有可能。如果我们以积极的心态来面对这个问题，那么我们就不会认为这一切是不可改变的。如果你朝着改变自我的方向不懈努力，那么你终究会成功的。

如果我们能去抵抗这已形成的性格，就能够创造出新的个性。但大部分人的想法，首要的理由是不想改变自己。人就是这样，都希望自己成为精力充沛、充满理想、信心十足的人，都想成为极富魅力的人。但很少有人真正地在这个方面进行努力，因为人们常常满足于现状，一遇到改善自我的新想法时，就会无意识地保护自我。几乎大部分人，都想学习有魅力的个性、都想成为思想丰富的人，但他们又往往采用旧的习惯而不愿有所改变。这是因为已有的性格往往根深蒂固，积习难除。威廉·詹姆士说："人希望自己所处的状况更好，却不想去实现。因为，他们被旧我束缚着。"

也有很多人希望并有勇气去改变自己的个性，但他们不知道该怎样去做。很多人希望变得更有魅力，但他们往往不知道怎么做。一般来说，每个人的个性都是逐渐形成的。每个人的个性都是由一个个细小的方面构成：你怎么说话；你怎么对待他人；你在饮食、睡眠方面有什么样的习惯；你怎么对待不同的意见；你喜欢什么样的生活方式；你在商业行为中习惯扮演什么样的角色；你是否总是露出微笑等等，这一切的综合就构成了你丰富的个性。既然你的个性是由很细小的方面决定，那么如果要改变的话，也要从每个具体的方面开始。如果从明天开始，你能使你自己的说话方式变得更温和，使你自己的饮食更有节制，使你自己对别人更有热情，并且持之以恒，那么你的旧个性就会逐渐地消磨掉，而更具魅力的新个性就会形成。

思想、行动与感情构成了你性格的三大基石。所以若要从具体的方面来改变你的个性，你还要在思想、行动与感情方面进行努力。你的外在表现，也就是你性格的特征，主要不是由当时当地的环境决定的，而是由你的内在思想创造的。你能否改变自己也主要不是由于别人是否对你进行了批评，而是你自己本身是否想改变自己。所以说是你的思想创造了你本身，使你成为今天这个样子的。可能你没有意识到，但你仔细想想，是不是你怎么想就决定了你的性格？你为什么不被人喜欢呢？大概是你的想法不受欢迎。你为什么魅力四射呢？首先是你的想法，其次才是你其他条件的配合，使你引起了人们的普遍关注。有的人之所以无法成功，是因为他的想法使他难以成功。

别人只有通过你的行动——你的说话方式、你的做事方式、你的脸部表情——才能给你一个评判，才能使他们心中形成一个印象。行动是造就你魅力的关键，还因为只有通过行动你才能改善自身。通过很多小的行动、通过人格的训练、通过对自我行为的反思与调整，你就可以创造新的自我，使你自己变得更富有魅力。

魅力是别人对你的看法，他们通过你的外在表现、你的行动与思想，对你产生了喜欢以至某种带有神秘色彩的感情，所以魅力本身是一种感情。而别人对你的感情是与你对他们的感情高度相关的。如果你的感情特征是积极的、友善的、温和的、宽容的，那么你往往魅力大增；反之你就会成为一个不受欢迎的人。所以感情也影响了人性格的很大部分。

那么什么样的人是富有魅力的人呢？什么样的性格造就魅力呢？西方

心理学界提出了一种说法，称为"令人愉悦的个性"。如果你拥有令人愉悦的个性，你往往会使自己的魅力大增。并非所有的性格都是令人愉悦的，有很多性格令大部分人感到不喜欢、讨厌，甚至是难以容忍。比如人们一般不喜欢消极的、极端化的性格特征，人们对报复性的、敌意的性格特征更是感到厌恶，但人们一般都喜欢富有热情的、积极向上的、友善的、亲切温和的、宽容大度的、富有感染力的性格。所以，如果你能够培养起为大部分人所喜欢的正面性格，那么你成功的可能性就大大增加了。

一般地说，令人愉悦的个性包括以下几种正面的性格特征：

1. 富有热忱

很多人不能成功是因为他们缺少热忱，他们缺乏对人、事、物的热情关注，甚至对成功也缺乏热忱，这样他们当然无法成功。你考虑一下：你是否对某些事情充满热忱？你是否特别关注于某个学科？你是否希望在某个领域有所建树？是否有些问题在不断地吸引你的注意力？你是否由于事情本身就会全身心的投入其中？如果你不是这样的，那么你就要改进，你要记住：一定要培养自己的热忱。如果你注意这样做，那么你就是一个潜在的成功者。

在交往中，每个人都喜欢谈论自己所擅长的东西，展现自己的魅力所在。所以，你与他人友好交往、建立良好人际关系的前提是尊重并倾听他人所谈论的话题，因为这些话题往往更能体现他的优势与价值，而这对你来说，往往又是个汲取知识的大好机会。你要对任何人感兴趣，而不只是在你现在看来重要的人物，而且最好能一直保持下去，如果你无法做到这一点，那么你在其他方面的优势就要大打折扣。你真正地注意别人，比对他说些恭维的话要来得有效。你要学会去关心别人正在做的东西，这对他人来说，意味着你很重视他的工作与成就，而这对你本身来说就是一个学习新知识的机会。

培养热忱的一个重要方面是对事物的兴趣。但如果是你本身缺少热忱，这就是一个更大的问题了，你一定要培养对事物的热忱。当你每天起床的时候，你是怎么想的呢？"新的一天开始了，我又可以做更多事情了，我很高兴"，还是"一天又开始了，又要去上班了，真烦"。如果你长期保持第二种状态，你的成功几乎就没有什么希望。你之所以讨厌上班，可能是因为你不喜欢你现在的工作，也可能是因为你完全缺乏做事的热忱。如果是这种情况，你就应该换个喜欢的、能调动你热忱的工作了，即便新的工作给你带来的直接收入要少，你还是要这样做，因为你会在这样的工作职位上不断前进，直达成功。

除此之外，对事物的热忱往往还有助于你激发其他人，使他人觉得你是一个精力充沛、充满活力的人，这也可以大大地提升你的形象与魅力。所以，拿破仑·希尔经常告诫人们，"要控制你的热忱"。热忱是令人愉悦的个性的一部分，热忱可以改变你的人生。

2. 亲切随和

很多关于领袖魅力的书籍都强调领导者要保持神秘感与威严，这有一定道理。威严固然令人敬畏，但亲切随和更令人喜欢。因此，在某种程度上，这种说法更适合一个等级社会或专制社会。随着社会的演进、教育的普及、身份的平等化，这种个性成功的可能性越来越小。而在一个较为自由的社会，让他人喜欢你远比让他人敬畏你更有价值。让别人喜欢你，可以为你带来合作机会，为你带来一笔交易，为你带来商业利益，但让别人敬畏你，能给你带来什么呢？

威严也许是专制社会的成功个性，但自由社会的成功个性是亲切随和。亲切随和的最大好处是对人平等，给人以尊重感。如果你不尊重别人，又想与别人建立起一种良好的关系，这几乎是不可能的。尊重他人是人际关系的第一条原则。亲切随和的人往往更能广结人缘，获得他人的好感与认同。

"你为什么喜欢与他在一起？"

"与他在一起让我感到很轻松，他很随和。"

我们经常听到这样的对话。这就说明亲切随和是令人愉悦的个性。所以，如果你希望培养自己令人愉悦的个性，就要做个亲切随和的人。

3. 温和谦恭

我们在生活中经常遇到一些人，他们对他人的看法很尖刻，容易急躁，有了怒气则暴跳如雷，或者是在很多时候都咄咄逼人、盛气凌人。而自己所持的意见、立场不容他人辩驳。我们恐怕很难喜欢这样的人，更谈不上感到愉悦了。这些做法和态度的共同特征是缺乏温和的性情与谦恭的心态。

温和的性情表明一个人极富涵养，非常成熟，对人和物都有全面的看法。而与之相反的品质，比如急躁、易怒、不安、尖刻、锋芒毕露等等，都说明一个人离高尚的境界还有很大的距离，也很难获得他人的助益，从而也较难获得成功。成功者在性格上的特点往往是心平气和，他们在任何复杂问题面前都能保持清醒的头脑，不被烦躁不安的情绪所支配。即便他们受到了恶意的攻击，他们也能心情自然，因为他们知道温和与泰然是对付恶意攻击的最好办法。当他们的观点和看法被人彻底否定时，他们也能耐心地听取别人的意见，同时保持一种友好的姿态。

在一切场合，都要做到性情温和、彬彬有礼，这会为你奠定成功的基础。在令人愉悦的个性中，我们绝对找不到傲慢、自大和惟我独尊的影子。愤怒没有任何价值，在任何时候都不要愤怒。在任何时候都不要急躁不安，急躁不安也不会给你任何助益。成功者一般都有一颗谦恭的心。在任何社会，我们都找不到全智全能的人。在现代社会，个人的知识与复杂的社会生活相比，尤其微不足道。所以，每个人都会在很多领域是知识上的盲人，而谦恭使你无须掩饰你的无知与缺陷，它反而会使你学到很多更有价值的东西。

4. 富有感染力

如果你做到了以上三条，你就是一个很受欢迎的人了。但如果你还能做到这一条，就会使你更具魅力。你有没有注意到，成功者的重要特点是他的个性富有感染力。每到一处，他容易用自己的行动和语言打动别人，否则他怎么会给别人留下深刻的印象？所以，你要努力培养你的感染力。

那么，怎样才能培养感染力呢？是什么构成感染力的基础呢？是什么东西感动你自己？你要观察那些使你深受感动的人，他们的一举一动、一言一行。这里既有性格的因素，又有语言的技巧。但是有一点是相通的，感染力的基础是共鸣，是功能因素或情感因素的相通。

他们之所以有感染力是因为他们懂得大部分人所关心的东西，他们能细心地观察每个人的利益、态度与感受。如果你是一个公司老总，你能不能通过一次讲话来鼓舞人心？有的人就很擅长这样做。他们在讲话中除了谈到关于公司的现状问题外，往往还要谈到员工与公司的关系，员工对公司具有的价值，员工将从公司的发展中获得的收益。这样，他往往是通过功能性的诉求，通过讲话、神态与表现力来使员工们感动。

一个人的正义感、同情心往往是感染力之源。在日常生活中，一个人的感染力更多是来自于情感方面。所以，一个具有感染力的人，也是一个具有道德影响力的人，一个正直善良的人，一个对他人的痛苦有发自内心的同情的人。

"性格塑造人"，同样也是性格塑造成功。热忱、亲切、随和、谦恭、温和、宽容、感染力这些优秀的品质构成了你令人愉悦的个性，从而有助于你获得成功。

不露轻浮，尽显大将风度

一个轻浮的人，会因为市侩气太重而得不到基本的尊敬。轻浮最能自贬人格、抵消风度。轻浮的人没有内涵。

想像一下：一个人为了鸡毛蒜皮的小事破口大骂或者是为了蝇头小利争得面红耳赤，一个贪小便宜常常收走别人酒桌上残羹的人还谈什么大方？一个舍不得牺牲自己利益为朋友帮忙的人，是不是会给别人留下小家子气的感觉？一个自卑感十足、事无巨细一言一行都很呆板的人，有谁会说他行为大气？倘若一个人是个一毛不拔的铁公鸡，或者是个"小赤佬"的形象，也许瞎子才会说他有风度。究竟，怎样才会有风度呢？

1. 不露声色

在某些特殊场合，沉默是最佳的风度。有人说沉默是交际场上的黄金。就是在你想表态但又觉得没有把握的时候保持沉默；在周围的人争论不休的时候不要急于发言；在紧急形势下或者重大是非面前，没有打定主意的时候保持冷静、不露声色。这些情况下的沉默都可谓之为风度。有这样一个故事：一位团长率兵攻占了一个小高地。次日一早，哨兵急报：敌军人马从四面向高地包抄过来。几位营长也冲过来纷纷请战，准备死战。团长走出帐篷，眼看四面八方乌压压的，超出自己几倍的敌人已经包围上来。他沉默无语转身回到帐篷。帐篷外的军官如热锅上的蚂蚁，不时看着帐篷内有何指示，又看着步步逼近企图偷袭的敌军。奇迹发生了：敌军指挥官走了不远，发现高地上鸦雀无声，死一样寂静，顿起疑心，害怕陷人守军设下的圈套，匆忙下令撤退了。

敌军不战而退。守军团长走出帐篷看看远去的敌军未围上来，又看看几位营长那惊奇的目光，还是一言未发走回了帐篷，躺在行军床上，这才长出了一口气。门外营长们齐声地赞叹："咱们的团长真有诸葛遗风，大将风度！"

2. 口若悬河

良好的语言表达能力是增加风度的要诀之一，伶俐、清楚的口齿，适当的语气，适合情景的言辞，恰如其分的修辞是语言能力强的表现，也是风度的重要组成部分。在重要聚会上的致辞、演讲，有了很好的底稿而又适当调整语速，抑扬顿挫恰到好处，必然给听众以清晰明了、论据有力、打动心弦的感觉，自然会给听众留下"风度迷人"的印象。煽动性演讲，待到需要进一步鼓动群情时，慷慨激昂的声音、表情伴以强有力的手势则更能风度大显。在小空间里讲话，适当压低声音、缓声慢语，也是风度所在。反之，言不及意，咕咕哝哝，不顾及语言环境的讲话怎能让人们感受到风度呢？譬如注意语境，不妨做这样一个设想，你对着瘸子说话，瘸字不离口——人家不狠揍你就是最大的便宜啦，还想让人夸你有风度？

3. 幽默是风度的助手

幽默不能缺少。生活中有些人言谈举止轻松自然，往往能一语缓解紧张或尴尬的场面。人生如作戏，如果能看到人生的轻松面，也就能以平常心对待生活。遇有需要解嘲、缓解紧张或尴尬局面的情况，幽默是最好的帮手，风度也就随着幽默产生。有这样一则故事：20 世纪 60 年代，中国击落了某国一架入侵的飞机，在国际上引起轰动。许多外国人因此认为除了导弹是无法击落这架飞机的，分析认为中国有了导弹。一位外国记者在一次记者招待会上，问周恩来："总理先生，请问，你们是用什么打下这架飞机的？"周恩来明白记者的用心在于了解中国有没有核武器，这在当时是最重大的国家机密。作为一国总理和外交大员，他微微一笑说："是用砖头打下来的。"一句幽默的玩笑话解除了尴尬场面，回敬了那位记者。

更重要的是既没有泄露中国是否拥有核武器的机密，又为中国的国际地位加上一个重量级的砝码。

无论这则故事是否属实，周恩来作为外交巨擘，其幽默的谈吐和优雅的举止都是世人所公认并为之倾倒的。

幽默虽然是风度的好帮手，但它以知识为生存的养料。没有知识成分的笑料和动作充其量只能算是可笑。

4. 言行举止，衣着打扮，也是风度产生的条件

一个衣冠不整，头不梳、脸不洗的人，一步三晃，嘴里斜叼烟头，随处吐痰，四下张望，见到漂亮女人就直勾勾地看，这样的人与"风度"无缘。人的相貌、眼神、态度、衣着和举止，都是形成风度的重要因素，上述种种形态，是风度的大敌。

5. 自然就是风度

有些人盲目追求风度而弄巧成拙。一个人一时露怯现丑不完全是坏事，也无伤大雅，可怜的是有人觉得，在办公室里坐在转椅上扭来扭去，两脚搭在办公桌上，嘴里吐出一连串的烟圈，故作轻松地听着下级汇报，才是领导者的"风度"。殊不知此刻的他连基本的礼貌都没有。也有人觉得，某一影视角色上衣袋里那块半露的白色手帕和不动手就能把烟从嘴的这一边卷到另一边的姿式是风度的象征，殊不知这都是反映一个人目中无人、高傲自大的姿式，哪里是什么风度。还有人以为穿着奢华的时装招摇过市，在朋友面前显阔，在电话里故作"港台腔"都是风度，其实他已经陷入风度的误区，埋没了自身的质朴。

一个轻浮的人，会因为市侩气太重而得不到基本的尊敬。轻浮最能自贬人格、抵消风度。轻浮的人没有内涵，老年人尤其忌讳轻浮，因为人越老越应该达观稳重。

让自己言行友善、举止得体

良好的行为举止总使人感到愉悦畅快。优雅的行为举止能使

社会交往更加轻松愉快，从而利于事情的成功。

有些人认为，一个人的行为举止、外在仪表无关紧要。事实上并非如此，在实现生活中，一个人的举止是否优雅、言行是否得体，对于一件事情的成败往往有直接影响。优雅的行为举止使人风度翩翩。即使最普通的职员，只要他们行为得体，举止规范，自然会使人肃然起敬。一个人的一举一动、一言一行都与他自己的风度仪表相关联，注意这些小节并使之规范化，会给生活增添无限的光彩。一般而言，良好的行为举止总使人感到愉悦畅快。优雅的行为举止能使社会交往更加轻松愉快，从而利于事情的成功。

一个人自己的行为举止与别人对他的尊敬息息相关，在管理支配他人时，它常常比内在的、实质性的品性这类东西具有更大的作用。热情友好、彬彬有礼的言谈举止无疑会使人通身舒畅，在这种友好的交往中，成功往往就会到来。也就是说，亲切友好的行为举止会有助于事业成功。与此相反，不良的行为举止、粗鲁庸俗的言语只会使人顿生厌恶之感，这样一来，什么生意、交易都做不成；第一印象特别重要，而一个人是否有礼貌、讲客气；是否谦恭有礼往往对第一印象有十分重要的影响。

友善的言行、得体的举止、优雅的风度，这些都是走进他人心灵的通行证。无论老年人还是年轻人的心都是向举止得体、彬彬有礼的人打开的。态度生硬、粗鲁的言行举止只会使人倍生厌恶之情、憎恨之感，因此这种人在生活中必定处处碰壁，处处令人生厌，就像过街的老鼠一样，使人通身不快。

如此没有修养、举止粗鲁、容易冲动的人根本就不会尊重别人，他们只知道一味地放纵自己的言行，宁可失掉自己的朋友而不去收敛自己的放荡言行。这种只知道一时的自我满足，而不顾及别人人格的人，总是得罪自己的朋友，因此这种人是名副其实的蠢人。

那些明智的、有礼貌的人从来就不会表现出自己比朋友更优越、更聪明或更富有。他们从来不向别人夸耀自己高贵而显赫的社会地位，不向别人炫耀自己的职业，或者总是夸夸其谈地谈论自己的工作，三句不离本行，一开口就要炫耀自己的生活或工作经历。与此相反，那些明智和有礼貌的人们都是温良恭厚，他们总是特别谦虚谨慎，从不装腔作势、装模作样，从不夸夸其谈，不招摇过市。他们总是通过自己的行为而不是通过自己的言语来证实自己的内在品性。他们总是默默无闻地做，而不是哗众取宠地说，真正有礼貌的人是朴实无华、默默无闻的人。

不尊重他人感情主要是因为自私自利，自私自利总是会导致种种生硬、粗鲁和令人厌恶的行为举止。当然，这种种令人厌恶的行为举止并非出自恶毒的天性，而是由于这种人缺乏必要的同情与体谅他人之心，忽视了日常生活中那些使人愉快欢乐或痛苦的细小之处，而自觉或不自觉地致使别人不愉快。可以说，一个人到底有没有好的修养主要在于个人有没有自我牺牲精神，在日常的生活中能不能够真正体贴、关心他人。

在日常生活中，那些没有一点自制力的人是令人难以忍受的。这种人总会给人带来莫名其妙的烦恼和痛苦，与这种人交往，没有一个人会感到由衷的畅快。正是由于缺乏自制力，许多人一辈子都在与自己制造的种种麻烦做斗争。由于他们的任性、倔强和粗暴，成功总是与他们无缘，苦恼和麻烦总是与他们形影不离，跟从不失。而其他一些天赋并不太高的人，由于他们具有耐心和毅力，心气平和，善于自我克制，因而总是一帆风顺，并取得非凡成就。

优雅的行为举止是相当自然的行为——它并不在乎别人的注意，而是不加矫饰，任其自然。矫揉造作与坦诚的举止是不相容的。真诚和坦率总是通过谦恭有礼、温文尔雅、友善和体贴他人等外在行为表现出来。优雅文明的行为举止总让人兴奋快乐，使人心悦诚服。正如一个人的内在品性一样，一个人的行为举止也是促进成功的真正动力。

受人欢迎的说话态度

与人谈话态度的好坏，是你和别人谈话成功与否的关键。

与人谈话态度如何，一定程度上决定你是否受人欢迎。一个与人和颜悦色交谈的人总能打动对方的心。那么，怎样才是良好的谈话态度呢？归纳起来有五点：

1. 表现出兴趣

别人讲话时，要注意倾听，如果你望天望地望别处，或是玩弄着小物件、翻弄报纸书籍等等，别人就会以为你对他的话没有兴趣，会很扫兴。

在人多的时候，你不能只对其中的一两个你熟悉的人发生兴趣，你要把注意力分配到所有的人身上；对于那些话说得很少，或是精神不太自在的人，你更要特别留神，找机会特别关照一下他们。你的注意，你的关心，对他们是一种尊重和安慰，正好把他们从冷落中挽救出来。

2. 表示友善

如果你对别人表现出刻薄的神情，或者你对别人所谈的话表示冷淡或鄙视，那么对方谈话的兴趣也就消失了。

哪怕你不喜欢听他的话，或者你不同意他的意见，但是你对他本人还应该表示友善，不要因为他说了一句不得体、不适当的话就否定了他的人格。你尊重他，并不妨碍你表示与他有不同的意见。没有经验的人，一听到不喜欢的话，立刻就表现出不快和不满来，把彼此的关系弄坏、搞僵，而失去了继续交谈、深入了解的机会。

3. 轻松、快乐、幽默

真诚、温暖的微笑，是打开别人心灵的钥匙。人的心灵好像对温度有强烈的敏感，遇见抑郁的、冰冷的表情就凝结了起来，便硬了起来，但遇见了欢乐的、温暖的笑容就柔软了、融化了、活泼了。所以，真诚的、温暖的微笑，快乐的、生动的目光，舒畅的、悦耳的声调，就像明媚的阳光一样，使一切欣欣向荣，使谈话进行得生动活泼，使大家谈笑风生，心旷神怡。

至于幽默感，需要慢慢地培养，它是一种兴致的混合物，富于幽默的人，常常能使客厅中充满欢声笑语，有时一个笑语，或是两句妙语，就能驱散愁云，消弭敌意，化干戈为玉帛，化凶戾为吉祥。

4. 适应别人

跟自己趣味相投的人在一起就舒服，话多得很，一遇见趣味不投的人就感到别扭，不想开口。像这样依着自己的脾气去接近别人，真正投机的人就少了。

跟别人谈话多关心别人，重视别人的口味，善于适应。有的人喜欢讲大道理，有的人喜欢高谈阔论，有的人喜欢娓娓而谈，有的人喜欢深思，有的人拙于应对，你都要能调节自己去迁就一下别人的兴趣与习惯。有满腹经纶的，让他尽情地宣泄；守口如瓶的，由他吞吞吐吐；失意的，多给予一些安慰与同情；软弱的，多给予一点鼓舞和激励。假如对方对某一个问题发生特别强烈的兴趣，就让他在这方面继续发展，畅所欲言；假如对方对某一个问题不想多谈，就及时转换话题把谈话引到另一个方向，免得引起不快的局面。

5. 谦虚有礼

谦虚有礼绝不是说一些不着边际的客气话，谦虚有礼是一方面真诚地尊重对方、关心对方的需要，尽力避免伤害对方。另一方面严格地要求自己，对自己的意见与看法带着一种"可能有错"的保留态度，虚心地听取别人的意见，关心别人的感受和反应。

请记住吧，与人谈话态度的好坏，是你和别人谈话成功与否的关键。

为人处事检点小节

生活就像无限拉长的链条，细节如链条上的链扣，没有链扣，哪有链条？历史就像日夜奔腾的江河，细节如江河边的支流，没有支流，哪有江河？

与海外朋友交往还要了解他们的禁忌。你与他同坐一桌，双腿这样晃荡，他会忌讳的，认为这样会晃掉他的财气。

有的人认为"不拘小节"是一种潇洒、一种成就大事的风格。然而，我们于小节处更应检点。紧要的关头，大家都会以最佳状态小心应战，而日常琐屑细节，则是一个人的天性、本质、修养的自觉流露，这些地方往往将人的言谈举止反映得更客观、更全面。

今天，有的人很少注意检点小节，他们将轻浮视为洒脱，将放荡不羁视为追求个性。这种认识上的错误，使他们在人生中处处碰壁。有个人在单位上班、下班，与人见面时从来不与人打招呼，对面来人了，赶紧将头扭向一旁。他获得了一点成绩后，更加我行我素旁若无人；当他失败时，没有得到别人的一点安慰和帮助，大家的评语竟是："活该！""应有此报！"这样的结局多令人心寒。如果他平时能放下自己那副趾高气扬、不可一世的派头，与周围的人多沟通点，又怎么会落得如此狼狈的下场呢？

不要小瞧了和别人沟通这一细节。虽然与人沟通感情的最初阶段只是打招呼，但不要忘记，在人的内心里有思想和感情两个方面，心与心之间要想系上纽带，最初的方法就是打招呼，由陌生到认识再到熟悉。首先刺激感情，然后就易于沟通、交流思想了。如果连最简单的"您好"、"再见"等等日常招呼也不会的人，怎么能称得上是一个成功的社会人士呢？人生活在社会上，还得受社会环境的制约和诱导，不可能不与周围的人接触，你不拘小节，难道你周围一般交往的人也不拘小节吗？

在交往时，言行举止往往与人的内心世界联系在一起，因此对于个人言行举止，也必须注意。因为这些言行可能会使对方产生对你的好恶，从而在一定程度上影响交往的成败。尤其应该注意的是，尽量不要招致对方的不愉快，这种损人不利己的事情，一定要严加禁止。所谓"严以律己，宽以待人"，我们总要时时反省、检视自己的举止言行，这虽然只是一些小节，平时也应多加注意才会让对方对你有好感。

有的人电话交谈过于长久、习惯使用口头禅，甚至时常讲"不可以"、"不行"这一类否定词语，这种人给人的印象多半不是很好。此外还有一种人服装不整、不注意卫生，给人以不洁之感，或常做些不雅的动作，以及态度冷漠、公私不分等等，都必须好好注意、加以改善。

俗话说："衣裳是文化的表征，衣裳是思想的形象。"人们的言谈举止反映出人的精神需求和文化素养。即使小小的着装在人际交往中也有一定的作用。

衣衫不整、蓬头垢面让人联想到失败者的形象。而完美无缺的修饰，能使你在任何团体中的形象大大提高。

一个人的外貌对于人本身的确有影响，穿着得体的人给人的印象就是好，它等于在告诉大家："这是一个重要的人物，聪明、成功、可靠。大家可以尊敬、仰慕、信赖他。他自重，我们也尊重他。"反之，一个穿着邋遢的人给人的印象就差，它等于在告诉大家："这是个没什么作为的人，他粗心、没有效率、不重要，他只是一个普通人，不值得特别尊敬，他习惯于不被重视。"

在交际中，有时候，特别是由旁人介绍去访问别人，此时更须注意：要严格遵守时间，要明白告诉对方自己的访问意图，要选择一个彼此方便交谈的地点。自己的言谈若有诚意，便可在对方的脸上获得认可；同样，如果你以极亲切、自然的态度从事访问，对方也会表现出相同友善的反应来。有些参加各种面试的人都有这种深深的体会，每个求职者在面试时都想充分表现自己的热情，当然，这种表现并不是虚伪的、过分做作的，而是具有真实基础的。充分表现即是指不应藏而不露或少露。

"入乡随俗"，是一句大家都很熟悉的谚语，每个人的举止言行都是环境的产物，但人是能动可变的。要改造环境，首先必须适应环境。这点任何人都需要注意。

就表情而言，应注意克服的态度主要有：自鸣得意的态度，傲慢的态度，不屑的态度——这会伤害对方的自尊心；不稳定的态度——说一些没有自信心的话，而使听话的人无法信任你；卑屈的态度——被视为傻瓜、无能，会让人低估你的实际能力以致被人从骨子里看不起，过度热衷于取悦别人，很难给人好印象；冷淡的态度、倔犟的态度——使人感觉不亲切，缺乏投入感，态度过于严肃，以使男性敬而远之的女性为多；不识时务的态度——如在酒席上谈论严肃的话题，如诉说悲哀的事情时，脸上无任何表情，或只知谈论个人兴趣，从不理会别人的感觉和反应；随便的态度——给人一种马马虎虎、消极的感觉；反应过激，语气浮夸粗俗，满口俚语粗话。

以上所举的态度，应该随时注意，应避免这些不良态度在与人交往中表现出来。

就动作而言，应注意的姿势或动作主要有：坐要有坐相，不要随便左右晃动，如果是女士的话两腿要并拢；站立时膝盖要伸直，腰板要直；不要抖腿，不要撅臀部；不要抓头搔耳，两手应自然垂放在两侧，或是轻放在前面；不要玩弄或吮吸手指，尽量不要跷脚；表情温和，有亲切的眼神和饱满的精神。

有的人说话喜欢将手插在口袋里，有时还坐在桌子上。这不是好的习惯，这是一种过于散漫、过于随便的讲话方式。在交谈时，将手插在口袋里，容易让人产生不良的印象，尤其是在多数听众面前，这种姿态会使周围的人觉得这位发言者只沉迷于自己的世界之中，而将他人看作较自己低下，且表现欲望非常强，使人感觉到别人不可超越他。不管你有没有这种傲慢的想法，但这种态度，很容易让人误以为你就是这样一种人。

上面说到的都是人际交往中需要注意的小节，但并不是提倡处处都谨小慎微、缩手缩脚、婆婆妈妈。如果有人要钻牛角尖、要钻死胡同，对付这种人最有效的方法只有保持沉默了。

工作上的道理与交际一样，在人的眼光看不到或易忽视的地方用心，才是真正的工作，要想工作不流于一般的人，应学会在细小处练功夫。

有时候，公司老板或业务员要出差，便会安排员工去买车票，这看似很简单的一件事，却可以反映出不同的人对工作的不同态度及其工作的能力，也可以大概测定一下今后工作的前途。有这样两位秘书，一位将车票买来，就那么一大把地交上去，杂乱无章，易丢失，不易查清时刻；另一位却将车票装进一个大信封，并且，在信封上写明列车车次、号位及起程、到达时刻。后一位秘书是个细心人，虽然她只做了几个细节处，只在信封上写上几个字，却使人省事不少。按照命令去买车票，这只是"一个平常人"的工作，但是一个会工作的人，一定会想到该怎么做、要怎么做，才会令人更满意、更方便，这也就是用心、注意小节的问题了。

工作上细心不容忽视。注意小节所作出来的工作一定能抓住人心，虽然在当时无法引起人的注意，但久而久之，这种工作态度形成习惯后，一定会给你带来巨大的收益。这种细心的工作态度，是由于对一个工作重视的态度而产生的，对再细小的事也不掉以轻心、专注地去做才会产生。能够成为大人物的人，即使要他去收发室做整理信件的工作，他的做法也会跟别人有所不同，这种注重细微环节的态度，就是使自己发展的营养剂。

工作上的这种细心，所需的另一方面就是亲切感、一点人情味、与人方便、一种替别人着想的心情。"若是我的话，就想这么做"，这就是亲切感。

　　一部名为《细节》的小说，其题记为："大事留给上帝去抓吧，我们只能注意细节。"作者还借小说主人公的话做了脚注："这世界上所有伟大的壮举都不如生活中一个真实的细节来得有意义。"

　　细节，就是小节，它不仅具有艺术的真实，而且更具有生活的真实。也许是生活的真实造就了艺术的真实，我们读小说时，总为作家笔下的细节，如人物的心理、动作、语言所激动。

　　生活就像无限拉长的链条，细节如链条上的链扣，没有链扣，哪有链条？历史就像日夜奔腾的江河，细节如江河边的支流，没有支流，哪有江河？回味生活，翻阅历史，我们为什么不从真实的细节做起？

培养人见人爱的个性

　　　　物以类聚，人以群分。因此，你可以确定，被吸引到你身边来的，都是品格与你相同的人。

　　什么是个性？

　　别看人们经常谈论个性，并用它作为区分人的标尺，但真正了解个性内涵的人并不多。人们在这个问题上最爱犯的毛病是把个性片面化，把个性与性格片面性，认为个性就是指个人的性格，或一个人的脾气。其实，性格与脾气才是一回事，它们绝不等同于个性。

　　个性，是你的气质、性格、能力及兴趣等特征的总和。你所穿着的衣服、你脸上的线条、你说话的声调、你体现的思想，你由这些思想所发展出来的品德，所有这一切都无不为你打上个性的烙印。

　　你的个性是否招人喜爱，是另外一回事。

　　很显然，你个性中最重要的一部分，就是你的品格所代表的那一部分，也就是外表上看不出来的那一部分。你的衣服式样，以及它们是否适当，毫无疑问地构成了你个性中最重要的一部分，因为人们都是从你的外表获得对你的第一印象。即使是你握手的态度，也密切关系到是否将因此吸引或排斥和你握手的人。

你眼中的神情也构成你个性中的一个重要部分，因为有些人能够由你的眼睛看穿你的内心，看出你内心深处的思想，看出你最隐秘的念头。你身体的活力，有时候称作个人魅力——也是你个性中的一个重要部分。

作为人，你如果没有个性，你就不复存在；你的个性如果受到压抑，得不到发展，你的灵性就得萎缩，人格就是苟且。这样，你虽然变得柔弱温顺，但却降低了创造的能力，丧失了竞争的能力。

你也许可以用最漂亮、最新款式的衣服来装扮自己，并表现出最吸引人的态度。但是，只要你内心存在着贪婪、嫉妒、怨恨及自私，那么，你将永远无法吸引任何人，却只能吸引和你同类的人。物以类聚，人以群分。因此，你可以确定，被吸引到你身边来的，都是品格与你相同的人。

你也许可以做出一个虚伪的笑容，掩饰住你真正的感觉；你也许可以模仿表现热情的握手方式，但是，如果这些"吸引人的个性"的外在表现缺乏热情这个重要因素，那么，它们不但不会吸引人，反而会令人逃避你。

一般说来，优良的个性具有如下特征：

诚意：它一般是指由热心、热情和兴奋等揉和而成的感情状态。一个对工作学习和他人抱有诚意的人，往往能弥补个性上的一些缺点。

友情：友情可以使你交游广阔，建立充满善意和体贴的良好的人际关系。但切记勿把友情与亲昵混为一谈。友情是一种互助的关系，它能激发朋友之间相互尊重。

理智：这就要开动人的思维机器，要多看、多听、多想，凡事都能以明确而理智的行为来进行。在处理事情的过程中，不随意埋怨、轻视别人，即使发生在你面前的是重大事件，也能冷静理性地应变，渡过难关。

英俊、潇洒、魅力：这和个人风采有关。清洁、整齐、英俊潇洒的风采，使你保持自然可亲的个性，再加上良好的教养，确能助人事业成功以一臂之力。

你想受人欢迎吗？那么，你的个性特征应表现为：尊重他人，关心他人，富于同情心；热心集体活动，工作可靠、负责；持重，耐心，忠厚老实；热情、开朗，喜欢交往，待人真诚；聪颖、爱独立思考，成绩优良，乐于助人；独立、谦逊、兴趣和爱好广泛；温文尔雅，端庄，仪表美。

你不想受人欢迎吗？那么，你可以这么做：以自我为中心，不考虑他人处境和利益、嫉妒心强；对集体的工作缺乏责任感，敷衍、浮夸、不诚实；虚伪、固执；吹毛求疵；不尊重他人，操纵欲、支配欲强；淡漠、孤僻；敌意、猜疑；行为古怪，喜怒无常，粗鲁、粗暴、神经质；狂妄自大，自命不凡，成绩好，但不肯助人或小看他人；自我期望极高，小气，对人际关系过分敏感；势利，巴结领导；工作不努力，无纪律，不求上进，情趣贫乏；生活放荡。

优良的个性能为你的魅力增添无形的美。你梳起最新潮的发式，穿上最时髦的新装，再加上身材窈窕，巧施脂粉，但如果没有魅力，你的身体也只是徒有躯壳。魅力不是一个东西，随你用的时候便拿出来，不用的时候便收起来，这不行。魅力就像明媚的春天，它的影响会注入到生命的每个瞬间。

每个人都可能有独特的魅力，但是只有当我们与人交往时，魅力才会被感受到。

心理学家提供的几种培养个人魅力的方法值得我们参考：

博览群书，使自己不致言谈无物。

慷慨大度，这样才能获得别人的欣赏。

注重礼貌仪态，在任何场合中，谨记以礼待人，举止优雅。

和人交往时，经常与他们的目光接触，使对方产生知己之感。

和蔼可亲，态度开朗，特别是应该具有接受批评的雅量和自嘲的勇气。

对别人显示浓厚的兴趣和关心。大多数人都喜欢谈自己，因此在与人交际时应该懂得如何引发对方表露自己。

使人愉快的态度，是在与人交往中，你尊重对方，不向对方显示自己见多识广；交往中富有建议性的态度；并且多提具体有效的办法。不空谈，不吹牛。

现代哲学大师一致认为：人首先是一种把自己推向未来的存在物，并且意识到自己把自身想象为未来的存在。人之初，没有任何规定，只是存在、露面、出场；后来才由他自己规定自己。

　　你想改善自我个性吗？其实，这是一件比较容易的事情，没有任何秘诀，最重要的是要有坚定的意志，凭借一定的规则和计划来自我完善。每天只要肯花上半个小时，认真学习，并提出问题，那么你的个性就会随着你的知识增长而得到改进。

　　人并不是生活在过去而是生存在现在，生存于未来。过去是固定了死去了的，现在是把握个性的最好良机，而未来则存在着一切可能性。为了追求未来较佳的生存方式，你完全可以埋葬旧我，而把自我重塑得面目全非，以求去适应一种新的环境，开始一种新的生活，展示一种新的人生。也只有在这样的前提下，在你成为某社会环境中的一员的前提下，你才能充分发挥你的聪明才智，实现你的创造，实现你改造社会、改造客观环境的理想和抱负。

第五章

别让性格成为人际麻烦的制造者

多一个冤家多一堵墙

　　有时候，本来并无存心伤人之意，可是却会因为一句无意的话伤害别人，所谓"言者无心，听者有意"，甚至可能为自己树立一个敌人。

　　中国人在识人方面，一向有独到眼光，尤其是那些正人君子。所谓"君子之交决不出恶声"，即在这个世界上，与人亲密地交往时，需要诚意待人。一个有修养的人，无论持何种理由，即使中断来往，也不会口出恶声，诽谤对方。因为：

　　首先，倘若说了绝交者的坏话，等于承认自己识人不清。既然双方已经绝交，作为"陌路之人"也就罢了，何必反目成仇呢？树敌过多，不仅会使人在生活中迈不开步，即使是正常的工作，也会遇到种种不应有的麻烦。

　　要避免树敌，你首先要养成这么一个习惯，那就是绝不要去指责别人。指责是对人自尊心的一种伤害，它只能促使对方起来维护他的荣誉，为自己辩解，即使当时不能，他也会记下你的一箭之仇，日后寻机报复。

　　其次，对于他人明显的谬误，你最好不要直接纠正，否则他会觉得你故意要显示你的高明，因而又伤了他的自尊心。在生活中一定要记住，凡是非原则之争，要多给对方以取胜的机会，这样不仅可以避免树敌，而且也许可使对方的某种"报复"得到满足，可以"以爱消恨"。对于原则性的错误，你也得尽量含蓄地进行示意。

　　假如由于你的过失而伤害了别人，你得及时向人道歉，这样的举动可以化敌为友，彻底消除对方的敌意。说不定你们会相处得更好。"不打不相识"这一民谚富含了这一哲理，既然得罪了别人，当时你自己一定得到某种"发泄"，与其等待别人的报复，远不如主动上前致意，以便尽释前嫌。

为了避免树敌，还有一点需要注意，这就是与人争吵时不要非占上风不可。实际上，争吵中没有胜利者。即使口头胜利，但与此同时，你又树立了一个对你心怀怨恨的敌人。争吵总有一定原因，总为一定的目的。如果你想使问题得到解决，就决不要采取争吵的方式。

争吵除了会使人结怨树敌，在公众面前破坏自己温文尔雅的形象外，没有丝毫的作用。说他人坏话，诽谤他人，对方终究会有所耳闻，也会将自己的怨恨发泄出来。现实中有些人择友漫无目标，只要在一起饮酒作乐，就觉得是好朋友，这种酒肉朋友往往靠不住。一旦遇事翻脸，立即口出恶语，互相谩骂不休。这实在太幼稚无知了。需知，道人之短者，除了对自己名声不利外，是捞不到任何好处的。所以，交友时一定要慎重，绝交了也不要恶语谤人。否则谁还敢接近你呢？

战国时代有个名叫中山的小国。有一次，中山国君设宴款待国内名士。当时正巧羊肉羹不够了，无法让在场的人全都喝到，有一个没有喝到羊肉羹的叫司马子期的人怀恨在心，到楚国劝楚王攻打中山国。楚国是个强国，攻打中山国易如反掌。中山被攻破，国王逃到国外。他逃走时发现有两个人手拿戈跟随他，便问："你们来干什么？"两个人回答："从前有一个人曾因获得您赐与的一壶食物而免于饿死，我们是他的儿子。臣的父亲临死前嘱咐，中山有任何事变，我们必须竭尽全力，甚至不惜以死报效国王。"

中山国君听后，感叹地说："怨不期深浅，其于伤心。吾以一杯羊肉羹而失国矣。"给予不在乎数量多少，而在于别人是否需要。施怨不在乎深浅，而在于是否伤了别人的心。中山国君因为一杯羊肉羹而亡国，却由于一壶食物而得到两位勇士。这段话道出人际关系的微妙。一个人如果失去了少许金钱，尚不至于发此大怒。而一旦自尊心受到损害却非轻易就可弥补的。有时候，本来并无存心伤人之意，可是却会因为一句无意的话伤害别人，所谓"言者无心，听者有意"，甚至可能为自己树立一个敌人。中山国王因一杯羊肉羹而失国的故事，对我们是一个深刻的教训。

如果你一面提出自己的主张，一面又对所有不同的意见进行抨击，那可是太不明智了，这近似于强迫自己孤立和就此停步不前。因为辩论而伤害别人的自尊心，结怨于人，既不利己，还有碍于人，又使自己树敌，实在是不足取。

只感叹 "世态炎凉" 是没用的

> 如果你过分希望得到理解，得到他人的赞成或默认，当你未能如愿以偿时便会十分沮丧。

理解，固然是很美好的，谁不渴望理解呢？"理解万岁"的口号感动了多少人啊！然而，事实上由于年龄、性格、职业、知识结构、品德修养、生活经历等等因素的影响，人和人之间有时是很难互相理解的。于是，脆弱的人把许多精力放在"求理解"上，到处自我表白，宣扬自己，把别人不理解自己当做最大的痛苦。似乎他的生存，他的工作，他的事业，仅仅是为了让人家知道，做给别人看。这道理本来是不言而喻的，就像你不是为了理解别人而工作一样，别人也不是为了理解你而生存，这是很自然的事；过分求人理解的人，一旦被误解了，便脆弱地感叹世态炎凉呀，社会无情呀，等等，耷拉着脑袋，沮丧得很。如果你过分希望得到理解，得到他人的赞成或默认，当你未能如愿以偿时便会十分沮丧。这正是自我挫败因素之所在。同样，当寻求理解成为一种需要时，你就会产生惰性。这是将自我价值置于别人控制之下，由他人随意抬高或贬低，只有当他们决定施舍给你一定的理解之辞时，你才会感到高兴。

人在生活和工作中必然会遇到反对意见，会被误解。这是体味"生活"付出的代价，是一种完全无法避免的现象。有一位叫奥齐的中年人，他是一个典型的过分的渴求理解和赞许心理的人。奥齐对于现代社会的各种重大问题，如人工流产、中东战争、水门事件、美国政治等，都有一套自己的见解。每当他的观点受到嘲讽时，他不是坚持自己的观点，而是对别人的"不理解"而痛苦不堪，甚至最后反而对自己产生了怀疑。为了使自己的每一句话和每一个行动都能为人理解，他花费了不少心思。有一次他和岳父谈话，表示赞成无痛致死法，而当他察觉岳父不满地皱起眉头时，几乎本能地立即修正了自己的观点："我刚才是说，一个神智清醒的人如果要求结束其生命，那么倒可以采取这种做法。"奥齐为了别人理解、赞同自己的观点，实际上不知不觉地修正了自己的观点。当奥齐注意到岳父表示同意时，才稍稍松了一口气。这样去求得理解和赞许又有什么价值可言？

要想精神愉快，就要心理独立，提高心理承受能力，能得到别人的理解，固然很好，而他人不理解或者误解了，这也无关紧要，你仍然微笑着面对生活。

下面讲一个十分说明问题的小寓言：一只老猫见到一只小猫在追逐自己的尾巴，便问："你为什么要追自己的尾巴呢？"小猫答："我听说，对于一只猫来说，最为美好的便是幸福，而这个幸福就是我的尾巴。所以，我正追逐它，一旦我捉住了我的尾巴，便将得到幸福。"

老猫说："我的孩子，我也曾考虑过宇宙间的各种问题，我也曾认为幸福就是我们的尾巴。但是，我现在已经发现，每当我追逐自己尾巴时，它总是一躲再躲；而着手做自己的事情时，它却总是形影不离地伴随着我。"同样道理，如果你希望得到理解和赞许，最为有效的办法恰恰是不去渴望、不去追求，不要求每个人都理解和赞许你。只要你相信自己，并且以积极的自我形象为指南，你便可以得到许许多多的理解和赞许。当然，一个人不可能事事都得到每个人的理解和赞许，但是，如果你认识到自己的价值，在得不到理解和赞许时便不会感到沮丧。你将把反对意见视为一种自然现实，因为生活在这个世界上的每一个人都对世事有自己的看法。

消除人际误会的九种方法

大千世界，纷繁人生，谁都可能误会他人，谁也都可能被他人误会。

误会即指别人对你的看法与你的实际情况不符，是无意之中产生的认识上的错觉。形成的原因有两个方面：一是自身的言行不够谨慎，言谈行事有欠周到、欠细致、欠精明之处，致使他人不能准确地领会你的意图。二是对方的主观臆测，由于每个人不同的经历、学识、价值观、气质、心境等因素的影响，对同一件事、同一句话，不同的人会有不同的理解。

误会给我们带来痛苦，带来烦恼，带来难堪，甚至会产生始料不及的悲剧。所以，陷入误会的圈子后，必须调整自己，采取有效的方式予以解除，使自己与他人都尽快地轻松、舒畅起来。

1. 消除自我委屈情绪

出现误会后，不必为自己辩解，总以为自己正确、有道理、不被理解。心中怀有委屈情绪的人，必定不愿开口向对方作解释。这种心理障碍妨碍彼此间的交流。此时，多替对方着想，无论他是气量小也好，心眼窄也好，不了解真相也好，不理解你的一番苦心也好，都不必去计较，只要你真诚地向他表明心迹，误会便会消除。比如你同朋友争论一个问题，当时有许多人在场。你本无意压他一头、让他当众出丑，但当时不能自制，说了许多过头的话，伤了他的自尊，使他误以为你在出风头，给他难堪，使他下不了台。事后，你应真诚地向他道歉，这样才能保持友谊，而不要怪罪对方小心眼，从而断绝来往。否则，你们就会因一次争论而导致关系破裂，由朋友而变成冤家了。

2. 查清原因方可化解怨恨

产生误会后，一方怒气冲冲，充满怨恨、敌视；一方满腹狐疑，委屈压抑，双方隔阂越陷越深，而且一谈即崩，大有新的误会接踵而来之势。此时，需要冷静，你必须下一番功夫内查外调，搞清楚对方的误解源于何处，否则，凭你费多少口舌，也不会解释清楚，搞不好，还会越描越黑，弄巧成拙。

3. 书信可传情

面对一封信要比面对当事人从容得多，当面难以启齿的话题在信上会坦然地表达出来。书信效果往往比当面交涉的效果更佳。但要注意，写信时措辞一定要简短、亲切、明了，切勿罗罗嗦嗦，令人生厌，语气需真挚、诚恳，充分表达自己愿意消除误会，重新和好的急切心情，表达自己至今仍铭记以往的友情，以及对对方的信赖和尊敬。

4. 行动是最好的证明

有的误会用语言解释不清楚，那么就用与之相反的行动去证实。如朋友误解你同某一异性有暧昧行为，你又说不清楚，那么，你只要与自己的爱人相依相伴、相敬如宾、亲密无间、双双出入社交场合，令他人找不到破绽，谣言便会不攻自破，误解也就自然消失了。还如知名度高的人，一般要求得到他人格外的尊重和赞扬。如果你毫无顾忌地对他批评、指责，便会被人误认为怀有嫉妒之心。尽管你尽力辩白，声称没有此意，人家也不会相信。此时，你的惟一对策是在今后的工作中，虚心向其求教，注意肯定人家的长处，更不与他争荣誉、争地位，在他被人攻击诽谤时，站出来讲几句公平话，这时你们以前的误会便可烟消云散。

5. 战胜自己的懦弱，当面说清

误会的类型千奇百怪、多种多样，但解决的最简捷、最方便的办法便是当面说清，大多数人也都欢迎这种方法。有人由于懦弱，不敢当面对质，结果把问题搞得极为复杂。记住，如果有的误会需要亲自向对方作说明，你一定不要找各种借口推脱，一定要克服困难，战胜自己，想方设法当面表明心迹。不要轻信第三者的只言片语。

6. 不可放过好时机

解释缘由，消除误会，必须选择好时机。一定要考虑对方的心境、情绪等感情因素。大多可选择提干、长工资、定职称或参加婚宴等喜庆日子，此时对方心情愉快、神经放松，胸怀也就较为宽广。抓住这个时机表白，往往能得到对方的谅解，重归于好。

7. 越拖越被动

有人被误会搞得焦头烂额，总觉得心中有难处，不好启齿，结果碍于情面，时间越拖越长，误会越陷越深，到最后无限制地蔓延，形成了令人极为苦恼的结果。所以，有了误会要迅速解释清楚，时间越长，就越被动。

8. 请领导、同事帮忙

人与人之间的误会常常是在工作中产生的，双方的误解涉及许多因素。个人解决可能会受到限制，从而不能明白透彻。故请他人帮忙，有时是明智之举。

9. 重新聚会

你觉得区区小误会，没必要兴师动众、大费口舌，也不便于直说，但双方在心理上又都觉得不愉快，有了生疏感。此时，你可邀请对方故地重游，或聚会畅谈。在和谐、友好的气氛中，彼此心理上的距离会缩短，以往的不快便会自然地消失。

忘记别人的"不好"

古往今来，不计前嫌、化敌为友的佳话举不胜举。以古为鉴可以让我们明白事理，明辨是非，把握前途。

有一个朋友说："我只记着别人对我的好处，忘记了别人对我的坏处。"因此，这位朋友受大家的欢迎，拥有很多知交。古人也说："人之有德于我也，不可忘也，吾有德于人也，不可不忘也。"别人对我们的帮助，千万不可忘了。

乐于忘记是一种心理平衡。有一句名言说"生气是用别人的过错来惩罚自己"。老是"念念不忘"别人的"坏处"，实际上最受其害的就是自己的心灵，搞得自己痛苦不堪，何必呢？这种人，轻则自我折磨，重则就可能导致疯狂的报复了。乐于忘记是成大事者的一个特征，既往不咎的人，才可甩掉沉重的包袱，大踏步地前进。乐于忘记，也可理解为"不念旧恶"。人是要有点"不念旧恶"的精神，况且在人与人之间，在许多情况下，人们误以为"恶"的，又未必就真的是什么"恶"。退一步说，即使是"恶"吧，对方心存歉意，诚惶诚恐，你不念恶，礼义相待，进而对他格外地表示亲近，也会使为"恶"者感念其诚，改"恶"从善。

唐朝的李靖曾任隋炀帝时的郡丞，最早发现李渊有图谋天下之意，便向隋炀帝检举揭发。李渊灭隋后要杀李靖，李世民反对报复，再三请求保他一命。后来，李靖驰骋疆场，征战不疲，安邦定国，为唐王朝立下赫赫战功。魏征也曾鼓动太子建成杀掉李世民，李世民同样不计旧怨，量才重用，使魏征觉得"喜逢知己之主，竭其力用"，也为唐王朝立下丰功。

宋代的王安石对苏东坡的态度，应当说，也是有那么一点"恶"行的。他当宰相那阵子，因为苏东坡与他政见不同，便借故将苏东坡降职减薪，贬官到了黄州，搞得他好不凄惨。然而，苏东坡胸怀大度，他根本不把这事放在心上，更不念旧恶。王安石从宰相位子上垮台后，两人的关系反倒好了起来。苏东坡不断写信给隐居金陵的王安石，或共叙友情，互相勉励，或讨论学问，十分投机。苏东坡由黄州调往汝州时，还特意到南京看望王安石，受到了热情接待，二人结伴同游，促膝谈心。临别时，王安石嘱咐苏东坡：将来告退时，要来金陵买一处田宅，好与他永做睦邻。苏东坡也满怀深情地感慨说："劝我试求三亩田，从公已觉十年迟。"二人一扫嫌隙，成了知心好朋友。

相传唐朝宰相陆贽，有职有权时曾偏听偏信，认为太常博士李吉甫结伙营私，便把他贬到明州做长史。不久，陆贽被罢相，被贬到了明州附近的忠州当别驾。后任的宰相明知李、陆有这点私怨，便玩弄权术，特意提拔李吉甫为忠州刺史，让他去当陆贽的顶头上司，意在借刀杀人，通过李吉甫之手把陆贽干掉。不想李吉甫不记旧怨，上任伊始，便特意与陆贽饮酒结欢，使那位现任宰相借刀杀人之计成了泡影。对此，陆贽自然深受感动，他便积极出点子，协助李吉甫把忠州治理得一天比一天好。李吉甫不搞报复，宽待别人，也帮助了自己。

最难得的是将心比心，谁没有过错呢？当我们有对不起别人的地方时，是多么渴望得到对方的谅解啊！是多么希望对方把这段不愉快的往事忘记啊！我们为什么不能用如此宽厚的理解开脱他人？

古往今来，不计前嫌、化敌为友的佳话举不胜举。以古为鉴可以让我们明白事理，明辨是非，把握前途。

不跟小人较劲儿

你既没有足够的精力与时间跟他周旋到底，以牙还牙，看看鹿死谁手，又不愿与这种人纠缠下去，以免降低人格。面对这种矛盾的情形，什么才是最明智的处理方法？

有一位哲人说过："没有敌人的人生太寂寞。"这位先哲真是好大的口气，试想谁希望以敌人的存在来充实自己的人生经历？其实，如果仔细想想，你的敌人是谁呢？是不是从出生开始就有敌人存在或存在的仅仅只是你的假想敌？敌人本来并不存在，只是由于某种原因才出现。或者是原来的朋友反目成现在的敌人，也许将来还会变成朋友。不打不相识，你们为什么不能彼此间成为朋友呢？把你的敌人看做你的朋友，坚持感情的输入，坚持礼让的美丽内涵。如果你这样做了，说明你正在一点点地提高自己，开阔自己。

但是，礼让并不是无原则的一味退让，并不是对所有的事都保持沉默。不要以为这样你才有深度、有内涵，是一个襟怀博大、有容人之量的人。事实恰恰相反，如果你这么做，别人只会把你看做是懦弱无能，愚笨无知的代名词，绝对不会正视你的存在。不要以为你守着"宰相肚里能撑船"的信条不放，你就能胸襟开阔，从而心宽体胖。在某些时候，你不得不去争取，去辩论，去实现自己存在的价值，去批评、反击自己认为是忍无可忍的事情，别人绝对不会说你肤浅狭隘。有些事情，如果你不去做，别人又怎么会知道？

例如，一个人的辞锋十分厉害，人人对他退避三舍，惟恐被他当众取笑一番。碰上这种人，不管你反唇相讥或沉默不语，别人只会隔岸观火，含笑欣赏这一幕闹剧。

最难缠的人物，莫如那些生性浅薄而缺乏自知之明的人，他们以攻击人家的弱点为乐事，得势不饶人，叫你丢尽面子才肯罢休。如果在你的周围刚好出现这样一个人物，他说话的声音特别嘹亮，每句话像飞刀一样直插听者的心中，令人又惊又怒，你应该如何作出适当的反应，让对方晓得你并不好欺负，而又不失自己的风度？

喜欢逞一时之快，嘲笑别人，以求达到伤害对方自尊心目的的人都有一个通病——欺善怕恶。由于缺乏涵养，认为别人无言以对，把对方踩在脚下，自己便会升高一级，增加自我的价值，结果慢慢地便形成一种暴戾习气，对人对事一味挑剔，还自认为具有非凡的洞察力、见识过人，别人越是显出畏惧，他们越是得意洋洋，什么尖酸刻薄的话都不吐不快，毫不知道收敛。

面对这种以为自己口才很好，却是神憎鬼厌的人时，你既不要随便示弱，也无须自我降格，跟他针锋相对，你应该这样做：

1. 当他正在喷口水，心情兴奋，口若悬河地把你的弱点一一挑出来取笑时，你只须平静地定睛看着他，像一个旁观者，兴味盎然地欣赏眼前这个小丑的每一个表情，对方便会难以再唱独脚戏。

2. 当他实在太惹人讨厌，总是找你的麻烦，每句话都是针对着你时，你要尽量抑制怒气，装听不见，切勿中了对方的诡计，跟他唇枪舌剑。如果你根本不理会他，他便无法再独白下去，他的弱点会因此而暴露无遗，有目共睹，同时更显出你的涵养功夫非比寻常。

3. 在对方说得起劲，更难听的话也冲口而出的时候，你实在不必再忍受这样肤浅的人，你可以站起来礼貌地说："对不起，请继续你的演说。我先走了。"如果对方还存有一点自尊的话，他应该感到羞耻。

不要以为世界上每个人都像你一样，处事有条不紊，愿意听取他人的意见，有进取心，喜欢讲道理、求和气，在适当的时候，做适当的事情。有些人是天生的"疯子"，你对他的所作所为非常厌恶，但又无可奈何，你只能用"不可理喻"四字来形容他。如果他特别针对你，像一只疯狗似的到处吠你，穷追不舍，你的烦恼自然大大增加，他甚至可能做出损人不利己的行为，后果更是不堪设想。你既没有足够的精力与时间跟他周旋到底，以牙还牙，看看鹿死谁手，又不愿与这种人纠缠下去，以免降低人格。面对这种矛盾的情形，什么才是最明智的处理方法？

或者，你会说："我不会跟这种人计较，不愿为他徒然浪费我的宝贵光阴，我想他疯够了便会停下来，永远对这个人敬而远之才是。"

你也可能会说："我会找他出来当着大家的面说清楚。请其他朋友主持公道，看看谁是谁非，我不要自己蒙上不白之冤。"其实人之所以可恶可恨，完全是他们心术不正，满脑子是害人的歪念，以致面目也变得奸险狰狞，看见受害者摊上麻烦、心绪不宁，他们便乐不可支。对付这种卑鄙小人，你不能动真气、讲道理，或妄想以情义打动他们的心。你要记着：

冰冻三尺，非一日之寒。对方故意跟你过不去，除了自叹遇上恶人，你所能做的，便是对着镜子作一下深呼吸，长吁一口气，承认你交错这样一个朋友。尽管内心隐隐作痛，还是要努力控制情绪，表面上不动声色，从此对这个人不存半点希望，不让他再有机会影响自己的生活，任由他到处乱吠乱叫好了。既然他已失了常性，你又何必跟一个疯子苦苦理论？

如果你对某些不可理喻的人已经束手无策，无奈之余只得说一声"我不生气"的时候，你有没有想过要掌握一些技巧来正确地提出自己的要求呢？我想你肯定有这个愿望，那么你又该如何表达自己的意愿呢？

在公共场合里，我们时常会遇到一些不受欢迎的人物，例如：在电影院里，年轻人忘情地大叫大笑，高谈阔论；在音乐会中，邻座的观众不停地讲话，令你十分苦恼，你想出声请他们安静下来，却碍于礼貌，不愿当众指责对方破坏公共规则，只有强自忍受。这样，你会变得越来越内向怕事，不敢据理力争，凡事得过且过，以低调生活。

你不要欺负人，也不可随便让别人踩到你的头上，这才是正确的人生观。一味迁就自私的人，容忍对方对自己造成的间接伤害，没有人会因你的仁慈而心存感谢，相反，懦弱无能或许是人家对你的形容。一个真正有涵养的人面对上述情形的时候，他会有这些表现：当对方的行为实在太过分，令人忍无可忍之际，他不害怕挺身而出，告诉对方他带给他人的不良影响，由于其态度是诚恳而义正辞严的，对方会感到惭愧。

如果你出言不逊，大声怒道："你这个自私自利的人，知不知道你说话的声音太大，惹人讨厌。"对方的反应必然是怒目而视，反唇相讥，不但不会合作，反而故意跟你作对，引起激烈的争执。你应该这样说："先生，请你说话小声一点好吗？"或者"请你保持安静，谢谢。"与其直斥其非，不如清楚地告诉对方你想他怎样做，更能使他明白自己带给人家的不良影响，乐意与你合作。

培养说话技巧，在不伤害他人自尊心的情况下，而能达到你心目中的效果，何乐而不为？一个人在愤怒的时候，他的言行大多数会犯错，无论何时何地，你必须切记这一点。

牛津大学的威廉弗沙博士是当今知名的心理学家，他说："你有什么需要，不妨大胆提出。如果对方做了些你不喜欢的事情，告诉他，若你觉得很生气，须保持冷静。"不要让他人剥夺你的权利是保护自己权益的先决条件，怀着正确的人生观，才有实力与冲劲干一番大事业。

坚持原则厌事尊人

> 比较圆滑、世故的人，甚至包括那些吹牛拍马、两面三刀的人，都是一些善于保护自己的人。他们对自己看得比别人要重得多，所以在交往过程中穿上了重重的铠甲。

交往中免不了会遇到这样的人物，他当面奉承你，转过身去却嗤之以鼻；他为了取得你的好感，事先就送上一两下掌声；为了取得你的"庇护"，他整天低声下气地围着你打转；他对你心怀不满，但当面总是笑脸，背后到处播弄是非。这类人物有着两张脸皮，有着双重人格，与这样的人打交道，你必然会感到艰难。

的确，有些人就是这样的圆滑、世故，八面玲珑，喜爱耍弄手腕，甚至是吹牛拍马，两面三刀，有事没事就放两支冷箭。对此类行为若处理失当，很可能会使交往"触礁"。

我们都会期待着比较纯洁的交往关系，而你一旦发现遇上了诸如圆滑、世故、两面三刀之类的"暗礁"，又怎么可能立即撕破脸皮，跟人断交呢？所以，仅仅对此类行为厌恶、回避是远远不够的，还需要对这类交往对象有一个比较深的了解。

一般说来，比较圆滑、世故的人，甚至包括那些吹牛拍马、两面三刀的人，都是一些善于保护自己的人。他们对自己看得比别人要重得多，所以在交往过程中穿上了重重的铠甲。其实，善于保护自己并不是什么错，问题是把交往对象全都变成了防范对象、算计对象，所采用的保护手段又违背了真诚友善、坦诚相见的道德规范，就会使自我保护变成了损害正常交往关系的行为。

我们可以厌恶这种行为，但不必厌恶行为者本人。具体说来，我们在反对不正派行为的时候，不要去伤害人家的自尊心，不要损害他们如此费心地保护着的那个"自己"。比方说，他为了赢得廉价的喝彩声才对你奉上掌声时，你不妨先冷静下来，真诚地向他申明，在需要得到人家的支持这一点上，你们是一致的，但是，要想真正获得别人的支持和赞美，要靠自己的真才实学，要靠自己的辛勤劳动。在他为寻求"庇护"才围着你打转时，你也不妨帮助他认清自己的力量，鼓励他培养独立的人格，走自己的路，切不可简单地拒绝所谓肉麻的奉承。简单拒绝只会伤害对方的自尊心，加速你"触礁"的进程。鼓励他的自尊心，帮助他建立起独立的人格，帮助他完成真正自我保护，满足他的要求，你会得到他的真诚"掌声"。

　　一个正直的人，面对这种现象还会产生一种被利用感。这种感受的出现，主要是那些非常善于保护自己的人确实想利用交往关系来达到自己的某种目的。甚至可以说，有的人之所以选择你作为交往对象，就是因为你的某种优势符合他的某种需要。一旦发现自己处于被利用的地位，该怎么办呢？

　　在交往关系中，我们不能容忍只顾私利的行为，更不能以损害大多数人的利益为代价，来满足交往群体中个别成员的私欲。但是，平心而论，在相互关系中，都有着权利与义务的统一，都有着各自向对方所抱有的希望和要求。剔除了那些非原则的、损害他人利益的成分，抹去了那些具有强烈私欲的色彩，交往当中总应当相互有所满足。这就需要谨慎地划出一条原则界限，帮助交往对象回到原则的范围之内来，并且尽可能地作出自己的奉献。比如，一个人想得到赞扬，想得到别人的尊重，这是自尊心、荣誉感的表现。如果我们帮助他放弃通过私人关系的途径去获取的企图，而通过自己的努力去谋求，那就不能视为一桩坏事。相反，在他努力地靠自己的力量去追求目标的时候，就应当提供足够的支持。一个人有物质上的需求，这本来也是正当的，如果我们帮助他摆脱借用他人权势的动机，并为他提出符合原则的实事求是的建议，那当然也是合情合理的。总之，划出一条原则界限，摆脱利用与被利用的关系，使它们留在原则界限之外，你也就不会产生被利用的感觉了。简单地回绝只会把关系搞得更加复杂化。

一个人对不正派行为的厌恶感是一种可贵的感情，需要小心地加以保护。如果没有这种情感，便可能在熟人面前，在朋友面前，在"关系户"面前，失去自己的原则立场和坚持操守的稳定感，而成为被利用的可悲角色。面对不正派行为不觉得厌恶，久闻不知其臭，更有可能滑向甘之若饴的地步，几声奉承就感到飘飘然，无原则地为人办事，便会产生一种权势的自我满足，结果还会从被利用的地位上慢慢滋生出利用别人的欲望，使利用与被利用的关系恶性发展为相互利用的关系。但也不可把这种情感简单化、绝对化，要把不正派的行为与行为的当事人区别开来，对事不对人。即对其行为要"厌"、要"恶"，但对其人要"尊"、要"爱"，这是处理复杂人际关系的一条重要原则。

消解厌恶，和睦相处

如果我们每个人都善于和各种不同性格的人交往，人与人之间就会减少一些疙瘩，大家相处得就会更加融洽，工作起来就能相互协调。

常听音乐的人一般都有派别之分，他们常自诩自己是古典音乐派、爵士音乐派、流行歌曲或民谣派，就好像是政坛上的党争，从不轻易越雷池一步。但是经多方调查之后，才明白他们的好恶并非是绝对的。

让喜欢古典音乐的人多听几次民谣之后，他们往往也会喜欢民谣，这种情况我们称为"亲密效果"。人们对于接触次数多的事物，都会或多或少地产生亲切感，一旦对此事物具有亲密的感情，便会逐渐地喜欢它。

这个道理对人也是一样的。觉得讨厌的人，和他交往一段时日后，也会产生亲切感。有一位朋友就善于利用这个法子，他说："对于讨厌的人，我愿意和他保持来往，直到喜欢上他为止。"在现在这个社会中，四周都充满了你不喜欢的人，而这种对象愈多就愈不容易生存。当然，没有讨厌的人最好，所以我们要尽量与人亲善，消除他们在我们心中的坏印象。

"厌恶"并非天生，也非绝对，多半是由于缺乏亲切感而引起的，就好像我们进入黑暗的地方，刚开始时会有不安与恐惧感，不久，当眼睛适应之后，不安与恐惧感便会渐渐消逝。相同的道理，对于讨厌的人或工作，只要不断地接触，当熟悉对方以后，厌恶的感觉便会逐渐消逝。

美国心理学家华德逊曾以条件反射为基础，创立了行为主义的心理学派。他曾经大发豪语："只要给我一群小孩，我就能依照大家的愿望，把他们塑造成军人、教师、商人。"

他的话未免太夸张了，不过，他的方法也有可取之处，至少他能造出惧怕老鼠的猫，也能使一向讨厌狗的小孩转而喜欢狗。

华德逊所利用的心理学原理，就是先把一个玲珑可爱的毛皮狗玩具递给一向讨厌狗的孩子玩，待他玩习惯之后，也就是先在心理上适应了以后，再让他去接触小狗；不久，再一面让他接近大狗，一面让大人从旁边褒奖或鼓励，结果，这个孩子就会慢慢不畏惧任何狗了。

目前，临床心理学的行动治疗法也采用此项原理，同样地，这种方法也能活用在我们的日常生活里。

一个人要想和所有的人都成为亲密的朋友，那是不实际的，不可能的。但是，如果我们尽量学会和各种不同性格的人打交道，我们就能和更多的人相处得很好。如果我们每个人都善于和各种不同性格的人交往，人与人之间就会减少一些疙瘩，大家相处得就会更加融洽，工作起来就能相互协调。

那么，我们应该怎样和不同性格的人相处呢？

1. 要承认差别

俗话说，花有几样红，人与人不同。认识到这一点，就不会强求别人处处和自己一样，就可能容忍相互间性格上的差别。不同性格的人之间，就可能会减少一些反感和厌烦情绪。

2. 制造"共鸣"

共同的兴趣和爱好能将人聚集在一起，共同的目标和志向能使人走到一块。所以，人与人"合群"与否的关键就在于双方是否能在相同之处产生"共鸣"。在人际交往中，要尽量寻找双方的共同点，使彼此产生心理上的"共鸣"，以减弱影响交际的不利因素，把相互间相左的性格特点放在交际的次要位置，求大同存小异。

3. 对对方感兴趣

要学会真诚地对别人感兴趣，要从一些生活小节上表现出对别人的极大热情和关注。譬如，要留心观察对方的生活和工作情况，看有无需要帮助的地方；要记住对方的生日，到时去道一声"祝您生日快乐"；对方工作取得了成绩或得到了提拔，别忘了道一声"祝贺"；对方遇到不顺心的事或有天灾人祸，要去表示一下安慰等等。

4. 尊重别人的隐私

相互尊重中，最重要的含义之一就是尊重对方的人格和权利，维护对方的自主权、独立权。如果你强烈地感觉到对方有任何心事，哪怕是十分好奇，也有一种非常愿意帮助朋友的动机，也不应去打听对方的这种心事。不要以为朋友这样的做法便是不信任自己、不愿与自己交心。要容忍对方的这种沉默。

5. 多发现别人的优点，取长补短

急性子的人不要看不惯慢性子的人，要看到慢性子的人考虑问题有时候可能比较周全，特别是干某种需要耐心的工作，他就很恰当。慢性子的人也不要讨厌急性子的人，要看到急性子的人干事往往不拖拉，很麻利。要多看到别人的优点，注意取长补短，这样大家不仅能够和睦相处，相互还会有所补益。

创造宽松和谐人际关系

在当今的复杂社会里，掌握和谐，创造和谐是相当重要的，因为这是你最常生活的领域。

一个人要是没有和谐的环境，没有一个宽松的生活氛围，怕是很难干好什么事情的。许多人就是因为没有这样的一个环境使生活和事业都失去了基本的保证。为此，不得不离开此地去重新选择环境的事例就很多。

　　还有的人，为了能够宽松的活着，甚至不惜牺牲或放弃自己的许多实际利益去寻找这种宽松。可见，和谐与宽松对人是多么的重要。

　　可我们知道，天下许多地方其实都是差不多的，大同小异彼此十分相象。都有愉快或不愉快的事情发生，都有友善、温暖，或敌意、损害的存在。绝对的天堂是没有的，把某种环境比做地狱又太严重了。

　　大概正是因为这里和那里都是差不多，所以，在很多情况下，许多聪明人，都是在自己的环境里努力去创造这种和谐的气氛，使条件好起来，使自己的心情愉快起来。

　　事实上，这并不是多难的事情，只要你宽宏一些，大度起来，放弃一些小的利益也就够了。

　　但也有不少人，并不懂得这一点，本来处身于一个良好的环境，那里本来就有着一种和谐的氛围，却因为自己的做法，一再地破坏了这种环境。这种人往往走到哪里都不适合，都很难与人共处，都要生出是非。可见，一个人处在怎样的环境里与自己的方法是有很大关系的，并非全是环境所为。

　　有这种人，走马灯似地换了许多环境，他的处境仍然很糟糕。这真是没有办法的事。这种人的最大毛病，就是什么也看不惯，一般来讲，都是自己先搬弄是非，或是对小事过分计较，对利益寸步不让，又不能承受外部的打击。

　　他们总是不能"忽视"身边的那些小事，譬如，别人占了便宜，他要记下；别人有了过失，他要去谴责；别人的隐私他也不想放过地去宣扬。一天到晚，所记住的都是周围人的不好、不是。这些做法，在他心理上必然要失去和谐的因素。

　　就像一个人总去注意那些阴天，总在发现肮脏，总能找到错误或别人的毛病。他不懂得，一个人总是这样，他就失去了生活的美感，变得心里只有仇恨、不满、不快乐。这心态往往还会发展到一种实际的行动，去做一些损人利己的事。说一些不利于他人的话。甚至与人去纷争，抱着打败别人的想法，生出事端。

　　在一个环境里，有这种毛病的人，总会有一些"敌人"。这种心态与做法，首先是使自己的四周潜伏着危机。于是有这种毛病的人，无论走到哪里，恐怕都不会适应，更不会自在，都要失掉和谐的人际关系，甚至把自己弄得人不人鬼不鬼。

因此，创造和谐，尽量使自己生活得自在，首先就要使别人自在。原谅别人的小过失，宽容别人的缺点，不要去宣扬别人的难言之隐，不要做使人难为情的事，不要总是盯着别人得到了什么，而想不通自己为什么没得到。天下自有你的那一份，你不必着急。这样你就离开了危险，躲过了是非，什么事也没有。

只有什么事也没有，你的那个环境才会成为一个很不错的环境，所谓不快乐的事情才会减少，和谐也就出现了。好事都是跟随和谐而来，你的好事也会跟随而来。所以说，和谐往往是在你自己，不在别人，不在环境。在当今的复杂社会里，掌握和谐，创造和谐是相当重要的，因为这是你最常生活的领域。

第六章

刚柔并济做人，能方能圆处世

人不能事事出头

冷静面对不如人意的人和事

刚柔相济，该低头就低头

大智若愚，并不委屈人

要成大业，忍让为先

忍字心头一把刀

惹不起，躲得起

谁笑到最后，谁笑得最甜

人不能事事出头

　　常言道：识时务者方为俊杰。所谓俊杰，并非专指那些纵横驰骋如入无人之境、冲锋陷阵无坚不摧的英雄，而且应当包括那些看准时局、能屈能伸的聪明者。

　　中国传统的知识分子向来以天下兴亡为己任，正所谓"天下兴亡，匹夫有责"。如果遇到小人当道、国无宁日时常有人挺身而出，甚至不惜以死抗争。我们钦佩这些硬骨头的汉子，但有时也不免替他们惋惜。试想：在豺狼当道、小人得志的大气候下，出面抗争固然精神可嘉，但从实际效果来看，往往是适得其反，不仅不能力挽狂澜反而有可能导致引火烧身。因此，在这种情况下，退隐也不失为一种权益之计。

　　退隐，是中国古代士大夫保全自身的一条重要诀窍，也是在一切积极措施归于无效时所普遍采用的办法。通俗口诀中有"而今学得乌龟法，能缩头时且缩头"，就是这一要诀的形象表达。

　　实践这一要诀的人，在中国历史上为数不少，张良、范蠡、陶渊明等都是其中赫赫有名者。

　　读过《三国演义》的人，一定对"司马懿诈病赚曹爽"一节不会陌生。

　　大将军曹爽虽然夺去了司马懿的兵权，但仍对司马懿托病闲居感到怀疑，就派心腹李胜前去探听虚实。司马懿知道李胜来意，就披头散发，装成病入膏肓的样子，谈话时颠三倒四、语无伦次，喝汤时故意显得动作迟钝，把衣襟被子都打湿了，唬得李胜再三感叹："没想到太傅竟然病得这样厉害！"

　　这一招还果然奏效。当李胜把这些情况报告给曹爽时，曹爽喜形于色，说："司马懿一死，我就高枕无忧了。"随即对司马懿放松了警惕。

　　可是，曹爽做梦也没想到，正当他春风得意、扬鞭狩猎之时，司马懿却率领旧日手下兵马，径直到宫中，从此断了曹魏江山。

司马懿能够东山再起，而且一举成功，怕是"缩头"立了大功。可以设想，假如曹爽探知司马懿饮食正常、起居如初，他能解除对政敌的戒备吗？假如司马懿之忧未除，曹爽会忘乎所以地倾身出猎吗？假如曹爽能够坐镇宫中，凭借他的智慧和实力，即使司马懿有天大的本事，也不敢拿鸡蛋去碰石头。

能缩头时且缩头，实质是把实际上"强"的一面隐蔽起来，而故意装作"弱"让别人看见。司马懿其实是头脑清醒、思维敏捷、寝食如故、身强体健。但他在会见李胜的时候，把这些都掖藏起来，而把相反的一面：痴痴癫癫、力不支体、命若游丝，统统地端出来让李胜欣赏。其结果是，李胜信以为真，连曹爽也认为司马懿大势已去，将不久于人世，是真的不行了。

碰到危难，或者不好明说的事情，就装出一副可怜相，糊上一层眼泪鼻涕，人们就会对他施舍怜悯和同情了。中国人崇尚宽厚为怀，天性同情弱者，见弱而软，便生恻隐之心：本来还想踹他一脚的不再踹了，本来还想打他一耳光的不再打了，甚至还伸出援助之手、拉他一把也不足为奇。在这种同情心的驱使下，恐怕到处都是"不设防的城市"，任由"缩头者"畅行无阻。

怜弱是人的慈善，缩头却是人的机智。

莫道箭缚强弓上，人生何处不缩头。缩头是一种机智，是一种权谋。不是说刘备的江山是哭出来的吗？不要认为缩头是懦夫的表现，刘备嚎啕大哭、肝肠寸断，其弱至甚，不是把舌如巧簧的东吴说客鲁肃打发回去了吗？刘备的哭只是一种手段，安坐荆州才是他真正的目的。

要知道，所谓缩头，并不是真的就"弱"。之所以示人以缩头，是想以弱来迷惑对手。当对手被麻痹、防备懈怠的时候，你再以强扣击，那结局自然是在不言之中。

这里再举一个例证：东汉桓帝时，安阳有个叫魏桓的人，朝廷曾多次聘他出仕，他都不去。他的乡亲们也劝他去做官。他问道："做官，是为了施展自己的抱负。现在皇帝的后宫有一千多宫人，你能将他减损吗？宫中的马厩里有好马万匹，你能将它削减吗？皇帝的左右都是些强权豪势，你能把他们赶走吗?"乡亲们都回答道:"不行。"于是，魏桓长叹一声道:"叫我活着去，死着回来，对诸位又有什么好处呢?"魏桓终于毕生没有做官。

这位魏桓看到时局动荡、奸佞弄权、不堪收拾，因此退隐不出。如果我们以"天下兴亡，匹夫有责"的标准来要求他，他是个不尽责任的公民，但从防谗远害来说，他不能不算一个聪明人。

常言道:识时务者方为俊杰。所谓俊杰，并非专指那些纵横驰骋如入无人之境、冲锋陷阵无坚不摧的英雄，而且应当包括那些看准时局、能屈能伸的聪明者。所有的俊杰，必须具备这样的素质，即能够正眼看待现实，不浮躁，不虚妄，敢于直面人生的悲欢遭际。

冷静面对不如人意的人和事

> 流言蜚语也好，棍子帽子也好，在一个大气候相对稳定的形势下，作用十分有限，可能起的是反作用。你见怪不怪，其怪自败。

在生活和工作中，我们都难免会碰到无事生非的人、制造谣言的人、嫉贤妒能的人，偏听偏信的人，以及各种以权谋私、以势压人、阴谋诡计、欺骗虚伪等。也许你确实是与人为善，但是你的善未必能换回来善，需知任何创造性都是在客观上对于平庸的挑战；任何机敏和智慧都在反衬着愚蠢和蛮横；任何好心好意都在客观上揭露着、为难着心怀叵测的人；而任何大公无私都好像是故意出小肚鸡肠的人的洋相。在工作中，你做得越好，就越会有同事憎恨你，这是不能不正视的现实。

人们在碰到不尽如人意的人和事以后常常会感叹世情的险恶，人心的险恶。然而，应该如何对付这种险恶呢?

一是以痛恨对恶。以为自己与自己的小圈子乃清白的天使，以为周围的一切人是魔鬼和恶棍，于是整天咬牙切齿，苦大仇深，鬼迷心窍，不可终日。这是不可取的，因为这第一是神经病，第二是以恶对恶，本身就已经恶了，本身就已经与他或她心目中的魔鬼恶棍无大异了、趋同了。

二是以疑对恶。嘀嘀咕咕，遮遮掩掩，患得患失，犹豫不决，生怕吃亏上当，总觉得四面楚歌。结果可能你少吃了两次亏，但更失掉了许多朋友和机会，失掉了大度和信心，失掉了本来有所作为的可能。

三是以大言对恶。以煽情对恶，以悲情"秀"对恶：言必称险恶，言必骂世人皆恶我独善，世人皆浊我独清。目前有一种说法很流行，说是知识分子的使命在于批判。这个提法对于生活在西方发达资本主义国家的知识分子尤为正确，特别因为他们的环境里成为主流的可能是自满自足，是物质享受，是相对或暂时的平稳，是"历史的终结"乃至霸权主义。

四是以消极对恶。一辈子唠唠叨叨，神经兮兮，黏黏糊糊，诉不完的苦，生不完的气，发不完的牢骚，埋怨不完的"客观"，到了生命的最后一刻了，他或她已经是一事无成，还在那里怨天尤人呢。

那么，我们能不能做到，保持干净更保持稳定，保持操守更保持好心情，保持正义感更保持理性，保持有所不为有所不信更保持与人为善呢？许多时候，你的绝大多数同事还是好的，至少是正常的。这样说由于过分正常，当也会使得某些人暴跳如雷吧？而多数情况下，绝大多数人，他们对待你的态度取决于你对他们的态度。至于说到他们的毛病，不见得一定比你多，即使是常常不比你少。无论如何，我们可以努力做到使自己变成一个和善安定的因素，团结的因素，文明的因素，而不是相反。我们可以努力做到心平气和，冷静理智，谦恭有礼，助人为乐，而不是相反。急火攻心，暴躁偏执，盛气凌人，四面树敌。甚至对那些或某一个对你确实是心怀敌意乃至已经不择手段地伤害你的同事，你也可以反躬自问，自己有什么毛病？有什么使他或她受到伤害的记录？有没有可能消除误解化"敌"为友？还要设身处地想想对方是否也情有可原。

从长远看，一切个人的嫉恨怨毒，一切鼓噪生事，一切签名告状，流言蜚语也好，棍子帽子也好，在一个大气候相对稳定的形势下，作用十分有限，可能起的是反作用。你见怪不怪，其怪自败。大可以正常动作，平稳反应，保持美好心态，不受干扰，让各种事务按部就班地进行。

当然，不是说任何人你不理他就没事了，也有没完没了地捣乱骚扰的。但是我们日常说的"一个巴掌拍不响"，心理学家认为，至少有84.3%适用性。对那15.7%的讨厌者，必要时，看准了，找对了，在最有利的时机，你也可以回击一下。但这绝非常规，偶然为之则可。

刚柔相济，该低头就低头

只要是在别人的屋檐下，就"一定"要低头，不用别人来提醒，也不用撞到屋檐了才低头。

老百姓有一句俗语，叫做"人在屋檐下，不得不低头"。意思是说人在权势、机会不如别人的时候，不能不低头退让。但对于这种情况，不同的人可能会采取不同的态度。有志进取者，将此当作磨炼自己的机会，借此取得休生养息的时间，以图将来东山再起，而绝不一味地消极乃至消沉；那些经不起困难和挫折的人，往往将此看作是事业的尽头，或是畏缩不前，不愿想办法克服眼前的困难，只是一味地怨天尤人、听天由命。

所谓的"屋檐"，说明白些，就是别人的势力范围，换句话说，只要你人在这势力范围之中，并且靠这势力生存，那么你就在别人的屋檐下了。这屋檐有的很高，任何人都可抬头站着，但这种屋檐不多，以人类容易排斥"非我族群"的天性来看，大部分的屋檐都是非常低的！也就是说，进入别人的势力范围时，你会受到很多有意无意的排斥和限制，不知从何而来的欺压，这种情形在你的一生当中，至少会发生一次以上。除非你有自己的一片天地，是个强人，不用靠别人过日子。可是你能保证你一辈子都可以如此自由自在，不用在人屋檐下避风躲雨吗？所以，在人屋檐下的心态就有必要调整了。

只要是在别人的屋檐下，就"一定"要低头，不用别人来提醒，也不用撞到屋檐了才低头。这是一种对客观环境的理性认知，没有丝毫勉强，所以根本不要有什么不好意思和抹不开面子。与生存相比，脸面又值多少钱？在生存与脸面相矛盾时，还是生存第一！

"一定要低头"，起码有这样几个好处：不会因为不情愿低头而碰破了头；因为你很自然地就低下了头，而不致成为明显的目标；不会因为沉不住气而想把"屋檐"拆了。要知道，不管拆得掉拆不掉，你总要受伤的，因为老祖宗早就有"伤敌一千，自损八百"的古训。不会因为脖子太酸，忍受不了而离开能够躲风避雨的"屋檐"。离开不是不可以，但要去那里？这是必须考虑的。而且离开想再回来，那是很不容易的。在"屋檐"下待久了，就有可能成为屋内的一员，甚至还有可能把屋内人赶出来，自己当主人。

在中国历史上，政治斗争、军事斗争乃至权力斗争，极其复杂，有时更是瞬息万变，忍受暂时的屈辱，厚脸低头磨炼自己的意志，寻找合适的机会，也就成了一个成功者所必不可少的心理素质。所谓"尺蠖之曲，以求伸也，龙蛇之蛰，以求存也。"正是这个意思。西汉时期的韩信忍胯下之辱正是这种"一定要低头"的最好体现。因为他不低头就把自己弄到和地痞无赖同等的地步，奋起还击，闹出人命吃官司不说，很可能赔上一条小命。

另一种更高层次上的"一定要低头"，是有意识地主动消除隐患的一个阶段，借这一阶段来了解各方面的情况，消除各方面的隐患，为将来的大举行动做好前期的准备工作。隋朝的时候，隋炀帝十分残暴，各地农民起义风起云涌，隋朝的许多官员也纷纷倒戈，转向农民起义军，因此，隋炀帝的疑心很重，对朝中大臣，尤其是外藩重臣，更是易起疑心。唐国公李渊（即唐太祖）曾多次担任中央和地方官，所到之处，悉心结纳当地的英雄豪杰，多方树立恩德，因而声望很高，许多人都来归附。这样，大家都替他担心，怕遭到隋炀帝的猜忌。正在这时，隋炀帝下诏让李渊到他的行宫去晋见。李渊因病未能前往，隋炀帝很不高兴，多少有点猜疑之心。当时，李渊的外甥女王氏是隋炀帝的妃子，隋炀帝向她问起李渊没来朝见的原因，王氏回答说是因为病了，隋炀帝又问道："会死吗？"

王氏把这消息传给了李渊，李渊更加谨慎起来，他知道迟早为隋炀帝所不容，但过早起事又力量不足，只好缩头隐忍，等待时机。于是，他故意广纳贿赂，败坏自己的名声，整天沉湎于声色犬马之中，而且大肆张扬。隋炀帝听到这些，果然放松了对他的警惕。试想，如果当初李渊不低头，或者头低得稍微有点勉强，很可能就被正猜疑他的隋炀帝杨广送上了断头台，哪里还会有后来的太原起兵和大唐帝国的建立。

在待人处世中，"一定要低头"的目的是为了让自己与现实环境有和谐的关系，把二者的磨擦降至最低，是为了保存自己的能量，好走更长远的路，更为了把不利的环境转化成对你有利的力量，这是处世的一种柔性，一种权变，更是最高明的生存智慧。

大智若愚，并不委屈人

> 甘为愚钝、甘当弱者的做人术实际上是精于算计的渊薮，它
> 鼓励人们不求争先，不露真相，让自己明明白白过一生。

"大智若愚"被普遍认为是做人智慧中最高的最玄妙的境界，如果有谁能得到"大智若愚"的评价，那表明他可以在人生舞台上立于不败之地了。从字面上理解，大智亦即最高的智慧接近于没有智慧，接近于木讷，接近于愚。智慧（尤其指的是智术）如果过于外露，仍然称不上高级的智慧，"聪明反被聪明误"，"多智则谋"，一个人过分地精于算计反而会被人算计。"大智若愚"的派生词"大巧若拙"、"大直若屈"、"大辨若讷"，它们表明至高的谋略，至高的技巧，至高的境界并不是直接地、赤裸裸地、一览无余地展出在人们面前，它拥有丰富的层次与内涵，拥有保护自身的机制。

从智谋的原则来看，它仍然体现为以静制动、以暗处明、以柔克刚、以反处正之道，表现为降格以待的智慧。

愚、拙、屈、讷都给人以消极、低下、委屈、无能的感觉，使人的第一感觉难以产生好感，使人放弃戒惧或者与之竞争的心理，使人对它加以轻视和忽视。但愚、拙、屈、讷却是人为营造的迷惑外界的假象，目的正是为了要减少外界的压力，松懈对方的警惕。或使对方降低对自己的要求。如果要克敌制胜，那么可以在不受干扰，不被戒惧的条件下，暗中积

极准备，以奇制胜，以有备对无备；如果意图在于获得外界的赏识，愚钝的外表可以降低外界对自己的期待，而实际的表现却又超出外界对自己的期待，这样的智慧表现就能格外出其不意，引人重视。"大智若愚"是在平凡中表现不平凡，在消极中表现积极，在无备中表现有备，在静中观察动，在暗中分析明白，因此它比积极、比有备、比动、比明更具优势，更能保护自己。

在中国古代做人术中，"大智若愚"演变为一套内容极其丰富的韬光养晦之术。

所谓韬晦之术就是收敛锋芒，隐匿行迹，掩饰野心，与世无争，麻痹对手的警惕，迷惑世人的目光，等候适当的时机，实现预谋的目的。

"树大招风"，"功高震主"，聪明人都深知此道，如果处于四面受敌的境界，就会陷于不利，往往会导致失败人生。

乐毅率燕军踏平齐国，田单又率齐人大破燕军，功成名就之时，却都是遭君王猜忌之日。那些见过大风大雨的"过来人"对老子的名言"挫其锐、解其纷、和其光、同其尘，是谓玄同"理解格外深刻。因而每当身处一些"特殊关系"的微妙场合，或者在面临生命威胁的紧要关头，韬晦一方无不恬然淡泊，大智若愚。

商纣王荒淫无道、暴虐残忍，一次作长夜之饮，昏醉不知昼夜，问左右之人，"尽不知也"，又问贤人箕子。箕子深知，"一国皆不知，而我独知之，吾其危矣。"于是亦装作昏醉，"辞以醉而不知"。

战国四君子之一魏信陵君广结天下豪杰，广徕天下贤才，"士以此方数千里争往归之"，拥有足以与魏王抗衡的政治实力，魏王也不得不让他三分，可是当他公然"窃符求赵"，违背魏王的意志，解救了正受秦兵压境威胁的赵国，建立巨大功勋之后，却使魏王难以容忍，"诸侯徒闻魏公子，不闻魏王"，秦国马上施以离间之计，促使魏王剥夺了信陵君的实权。魏王担心信陵君威望犹在，有朝一日会东山再起，仍然视作心腹大患，信陵君为此"谢病不朝，与宾客为长夜饮，饮醇酒，多近妇女"，以降低人格的方式减轻魏王的戒惧。

有时，在没有真正巩固自己人生位置之前，也不得不处处忍让，不露作为，惟恐被重要人物"调包"，秦王嬴政亲政前，吕不韦正以"仲父"

身份独揽大权，时人"惮相国畏其势"，嬴政也只能默认不作声，言听计从，任其"多行不义"，但一旦掌握实权，便立即下手，将"仲父"迁遂至蜀，迫其饮鸩而死。

韬晦之术在汉以后的所有做人术中发展最为充分，许多成大事者，在成就之前都有韬晦的历史，善于避让那些看似胸无大志，实际暗伏杀机的身边人。无不以弱者的形象做出强者的举动。

"大智若愚"，重在一个"若"字，因为这些人总把自己的聪明掩藏起来，以"愚"示人，"若"设计了巨大的假象与骗局，掩饰了真实的野心、权欲、才华、声望、感情。

这种甘为愚钝、甘当弱者的做人术实际上是精于算计的渊薮，它鼓励人们不求争先，不露真相，让自己明明白白过一生。

要成大业，忍让为先

　　　　尽管我们并不主张刘邦这种秋后算账的做法，但他那种为了实现大目标而忍让的处世之道是值得借鉴的。

我们中国人常说"后生可畏"这句话。其实，此话有着年轻人前途无量和不可轻易得罪两层含义。因此，在社会交往中，人们都习惯于先衡量对方的实力和潜力，来确定与之交往的行为界限和方式。但往往有一些不聪明的人，无视别人的实力和未来的潜力及前途，极不明智地用恶意的言行来对待别人。此类人，既不考虑对方当时的感受，也不考虑他的未来以及自己的未来。

曾经有这样的一位企业中层管理者，平时对属下甚为苛求，且每每在训斥部下时连讽刺带挖苦，说话一点儿也不留余地。一次，他对一位年轻人说道："你别认为自己有文凭就了不起，像你这样的人，要不是公司收留你，说不定还在哪里等着救济呢！"年轻人一气之下，愤然辞职离开了这家企业，并发誓："一定要闯出个名堂来让这位'狗眼看人低'的人看看。"

几年之后的某一天，那位中层管理者与公司其他管理者一起，在会议大厅里等候兼并他们公司的新老板的到来。令他大吃一惊的是，让他们恭候多时的新老板，竟然是那位曾经被他羞辱过多次的年轻人。只不过，此人已非昨日的吴下阿蒙，比往日显得成熟的脸上浮现着一层自信的微笑，一段开场白就博得了满堂彩。而他这位当年的上司，心中却是七上八下，也说不出是什么滋味。后来，这位新老板单独召见了他，对他说："感谢你当年对我的莫大激励，否则，我难有今天。不过，我那时就料到这家公司撑不了多久，因为，它居然会让你这种大失水准的人担任重要部门的领导。现在，如果你希望在这里继续干下去，就必须先进培训班，待综合考核后再分配你适当的岗位。"

生活有时是非常现实和冷酷的。试想一下，在冰天雪地里，一只受伤的狼会干什么？在远离伙伴及关爱的时候，它迫切需要的是找到一个能藏身和疗伤的地方。有道是"越冷越刮风"；当一个人处于实力微弱、处境艰难的时候，也就是受到打击和欺侮最多的时候。在此情况下，人们的抗争力也最差，如能避开大劫也算极幸运了。那么，此时面对别人过分的"馈赠"，最好是能忍就忍，所谓"留得青山在，不怕没柴烧"，以"君子报仇，十年不晚"作为忍耐的动力和理由。

我们在此提倡"君子报仇，十年不晚"的目的在于摆脱对方的纠缠和其制造的麻烦，而非日后"以牙还牙"地报复。对于小恩小怨采取"君子报仇，十年不晚"的姿态未免是小题大作了，甚至于有损个人形象。

"君子报仇，十年不晚"也应把握好行为界限。一是，目的应该是为了渡过难关，克服别人对你制造的麻烦，以免影响自己的正事；二是，此种信念所针对的麻烦应是对抗性的矛盾与冲突，而非对鸡毛蒜皮的事耿耿于怀；三是，着眼于大目标和长远利益，致力于成就大事，而不能采取卑鄙的报复行为；四是，此种信念的价值就在于"以一时之忍，换取一世之不受气"。

在中国历史上，刘邦就是一位极能忍的人。楚汉相争初期，其势力相对较弱，常吃败仗。汉高祖四年，刘邦被项羽围困在荥阳。而大将韩信却自领一军北上作战，且屡战屡胜，便趁机要挟刘邦封他为齐国的"假王"。

刘邦一听勃然大怒，破口大骂："我被困在此地，朝思暮想你来援助我，你却在那里想自立为王！"张良、陈平等忙着暗踩刘邦的脚，凑在他耳边悄声说："汉军目前正处在不利的境地，您怎能够禁止韩信擅自称王啊！不如趁势就立他为王，好好待他，让他自行镇抚齐国，要不然，恐怕会发生变乱。"刘邦也醒悟到了这一点，立即改口骂道："大丈夫平定了诸侯国，要做就做个正式的君主，做什么假王呢！"

刘邦封韩信为齐王之后，解了荥阳之围，后来，刘邦又命韩信、彭越率军合力攻打项羽，但韩信、彭越却没有行动，结果刘邦又一次遭到惨败。张良分析了原因，认为刘邦一没有给他们封地，二没有许诺胜利后共享成果，因此韩信、彭越按兵不动。他建议刘邦先把自阵地以东直至海边的地方都封给韩信，自睢阳以北，直至阿城都封给彭越，然后再许诺将来与他俩共分天下。刘邦也觉得君子报仇、十年不晚，就按张良之意办了，果然在垓下全歼楚军。刘邦在创业时期可以说是一忍再忍，皆是不得已而为之。但其忍换来的是最后的胜利，一旦江山坐稳，他就轻易地收拾了得罪过他的人，真可谓"君子报仇，十年不晚"。

尽管我们并不主张刘邦这种秋后算账的做法，但他那种为了实现大目标而忍让的处世之道是值得借鉴的。我们认为，"成功就是一种最好的报仇"，当一个人越过重重阻力达到既定目标，对他人未必采取什么报复行动，但也足以证明自身的实力与价值，实际上也等同于此了，因为，这种实力和价值往往才是最让人折服和敬畏的东西。

忍字心头一把刀

忍也要看忍的对象、范围和忍的程度。大事忍，小事也忍，无理时忍，有理时也忍，这就真是一个"没用货"了。

在社会上行走，"忍"字很重要，因为一个人不可能在任何时间、任何场合下都事事如意，有些事情怎么也无法解决，有些事情可能没法很快解决，所以你只能忍耐！俗话说，"小不忍则大乱"。那种动辄出气的人虽然可以解除一时的心理压力，但从长远来看，他会断了自己的前程，失去长远之利。因为他自己解了一时之气，那一定有人受气，这种受气之人日后必定记着，说不定还会秋后算账！

历史上最有名的能"忍"之例就是韩信忍受的胯下之辱，当时韩信落魄潦倒，无心也无力与恶少相争，只好忍辱从恶少胯下爬过。孙膑忍庞涓之辱也在历史上很有名，装疯卖傻，就怕庞涓把他杀了。这二位忍受大辱，其结果如何？韩信留下有用之身，终于成为大将，如果他当时斗气，恐怕要被恶少打死了；孙膑保住一命，终于收拾了庞涓！如果他当时不能忍，早就没命了。还有越王勾践，卧薪尝胆 20 年，为的就是将来东山再起。

韩信也好，孙膑也好，越王勾践也好，都是"忍一时之气，争千秋之利"，这一点值得当今那些年轻气盛者好好学习一番。如今的年轻人，动辄与人出口相骂，大打出手，稍遇不公，就得奋力相争，当然他们并不是没有道理，但是一定要考虑其后果。

当然，我们每个人遇到的状况都不一样，因此什么事该忍，什么事不该忍，并没有一定的标准，但有一种情形下，你必须忍——当你的形势比人弱时！

所谓形势比人弱，是指客观环境对你不利，如在公司里受到上司的羞辱、排挤；对目前工作环境不满意，可是又没有更好的工作机会；自己好不容易做个小生意，却受到客户的刁难；想创业，却资本不够；或者好好走在街上，却无缘无故被人欺……

当你处于弱势时，就很难有施展自己的空间，仿佛困兽一般。有些人碰到这种情形，常常任凭自己的性情，顺着自己的情绪行事，如被人羞辱了，干脆就和他们干一架；被老板骂了，干脆就拍他桌子，丢他东西，然后自动走路！不敢说这么做就会毁了你的一生，因为人生的事很难说，有时甚至会"因祸得福"、"弄巧成拙"！但没有忍性，绝对会给你的事业造成负面的影响，而且不能忍的人"因祸得福"者并不多，大部分人都不甚如意，总是到了中年才会感叹地说："那时真是年轻气盛啊！"这里到不是说不能忍的人命运就不好，而是不能忍的人走到哪里都不能忍，不能忍气、忍苦、忍怨、忍骂，而总是要发作、要逃避、要抗拒，可人性丛林中哪儿都有欺人之兽呀！所以常常形势还没好转，他就垮了。

因此，当你身处困境、碰到难题时，想想你的重大目标吧！为了大目标，一切都可以忍！千万别为了解一时之气而丢掉长远目标。

人的一生当中会遇到很多问题，如果你能忍一忍，并学会控制自己的情绪和心志，以后即使碰到大的问题，自然也能忍受，也自然能忍到最好的时机再把问题解决，这样才能成就大事业！

当然，我们要把能忍之人与人们平常所说的"窝囊废"区分开来，千万不要去做后者。人也要有一身正气，碰到你公正有理之事时，要先据理力争，以正压邪，更不能丧失一个人的人格、国格。也就是说，忍也要看忍的对象、范围和忍的程度。大事忍，小事也忍，无理时忍，有理时也忍，这就真是一个"没用货"了。

从今天开始，好好练习你的"忍术"吧，因为你一生还有更长的路要走，还有更大的目标等着你去实现！

惹不起，躲得起

在高手林立的竞争世界里，人来到这个世界时是两手空空的，全身赤裸裸的，没有任何可以抵御野兽的武器，可我们学会了避害趋利。

读过《三十六计》的读者早就知道走为上计是三十六计的最后一计，为什么要把它放在最后一计呢？我想，作者大概是基于这样一种思路：若利用以前所述的三十五种计谋，实在都不能奏效，那只能走了。这种走也是出于无耐的被动行为。

但是，我们如果站在主动的位置上，在人性的丛林中利用"走"的计谋，不失为一种新的尝试。当然，这儿走的意义却绝不只是败走或逃走，而是一个主动的游击战或运动战。在人性的丛林里，其人际关系往往复杂得难以分辨。其各种利害关系更为多变和复杂。有时候我们苦于被一事物所纠缠而徘徊不前，终日苦守而长期不见效果，幻想着有朝一日能有新的突破或奇迹出现，可是，我们却错了。错过了许多可贵的时间。时间是宝贵的，是稀缺资源，一去永不复返。我们为什么不将这些时间投入到别的值得我们去干的事上呢？我们为什么不可以"走出"这些纠缠？

"走"并不意味着失败、逃跑，走只是一种形式。这种形式包含着深刻的内涵，首先，我们"走"时头脑是很清晰的，目前的局势，我方所处的位置，"走"的目的等等一系列问题，我们都是很清楚的；其次，"走"只是缓兵之计，只是一种形式，为的是争取更有利的时间和地点，我们必须先"走"一步，这样便有更多的时间来休息和备战；最后，"走"也是一种引诱和欺诈，我们"走"在前头，敌人肯定会趁胜追击，我方是领路人，敌人是追随者，这样我们完全可以变被动为主动，牵着牛鼻子走路。因此，"走"完全可以是一种策略，表面上给人以溃逃和退出的感觉，但实际上，只有我们自己才知道这葫芦里到底装的是什么药。但话又要说回来，我们"走"时也要"走"得像个样子，装要装得真切一点，让敌人相信我们是真的败了，不是假败，也不是在欺骗他，这样，敌人才会很自信地、很大胆地、很轻松地钻进我们布下的罗网之中。

在人性的丛林中，"走"的形式不计其数，五花八门。概括起来主要分为强者和弱者两类人各自不同目的和动机的"走"，下面可以详细叙述。

弱者经常"走"，这是迫于压力所致，当然也可以主动地"走"，但这种情况较少，弱者走的目的可以说是为了求生存、图发展。在敌人的夹缝中生存，从而避免了你死我活的竞争，可以说是弱者的生存之道。一项好的机遇若遇到了强有力的对手怎么办呢？让给他呗，没关系，你还会找出一个更优更好的机遇。否则鸡蛋碰石头，碎的会首先是你，何苦呢？而谁又能想到，我"走"后不会出现一份更优的机遇呢？走，使你保持了实力，又开阔了眼界，在运动中又壮大了自己，这样，岂不比盲目的消耗好？

强者也用"走"来周旋敌人。这里有两种情况，首先一种是通过"走"的形式来拖垮对手，使对手精疲力尽而后就收拾之。毕竟，弱者是经不起被强者牵住牛鼻子"走"长路的，"走"得远了便会受不了，不是被拖垮就是被分割包围。另一种情况是强者用"走"来诱敌深入，诱惑充满在人性的丛林之中，有人专门放诱饵等待鱼儿上钩，而又有人却偏偏知道是诱饵却甘心情愿上钩，这都是人性现象，这是无法用理论来解释的，要不，怎么会有那么多"鱼儿"被钩着呢？在运动战中，诱敌深入，至其走进罗网为止，都是要靠我方主动引路，一旦路引得不当，或装得不像，对方便很可能不会跟着你"走"的。

在人性的丛林中，学会"走"的本领的确很重要。"走"可以大事化小，小事化了，而不了了之；"走"可以壮大自己的力量，增长见识而羽翼丰满；"走"可以在夹缝中找到我们生存的空间；"走"可以有力地牵引着敌人的牛鼻子顺利地将敌人拖进我们的陷阱；"走"还可以直接将敌人拖垮，使其累死。在高手林立的竞争世界里，人来到这个世界时是两手空空的，全身赤裸裸的，没有任何可以抵御野兽的武器，可我们学会了避害趋利，这是我们的本能，无需再用指导，我想你的本能会教你如何去逃避的。

逃避不是为了别人，而是为了更好地求生存、求发展、求自我实现。

谁笑到最后，谁笑得最甜

结果决定了你的过程，结果一无所有，那么你的过程也就毫无意义。结果是成功的，你的过程才有存在的价值和意义。

人在奋斗的过程中吃尽了苦头，而最后的笑声才是最甜的，最后的成功才是具有决定意义的成功，起初的成就和痛苦只不过都是为后来而设的奠石。

很多比赛往往是先胜而后败，结果落得个一无所有，连最初的一点小胜也白搭了。这时需要总结失败的真正原因，奋起再战，以期待下次最后的微笑吧！

人性丛林中的竞争过程很重要，但结果更为重要，因为甚至可以说结果决定了你的过程，结果一无所有，那么你的过程也就毫无意义。结果是成功的，你的过程才有存在的价值和意义。比如，有人少年得志，在商场上先是如鱼得水而大赚，后来却大赔，最终穷困潦倒而一无所有，那么众人会怎么评价他呢？

因此，争取"做最后的胜利者"才是我们在人性丛林中行走的最高战略目标。为了达到这个战略目标，以下几点是应该注意的：

首先，不要过于看重某一次胜利。如果能取胜尽量取胜，当然不必要放弃，因为胜利可以增强我们的自信心、提高士气；如果这个胜利的意义不是很大，跟取得"最后的胜利"相冲突或无关系，且又消耗体力、脑力，那么我们完全可以放弃这个胜利。

其次，也不要过于看重某一次失败。一次小小的失败对"最终的胜利"并没有太重要的影响，那就让它去失败吧。

再次，要站在战略的高度，时刻认识现在是处于什么阶段，该如何去实施战术。要对战局有一个清醒的认识，而不是眉毛和胡子一把抓，稀里糊涂，甚至当"最后的决战"到来时仍不知道，这样势必就会贻误了战机而走向失败。

最后，要保住每次的作战结果。因为，只有每次一点一滴的积累战果，才能将自己的实力壮大而作最后的决战。人有一个通病就是好战，一旦取得了一次胜利，便试图梅开二度。万一下次失败怎么办呢？所以必须仔细衡量，以保住目前战果为佳。人的一生也是这样，"最后阶段"的胜利也是由人生不同阶段积累而得来的，前半生失败，到了老年再去争取胜利，还有力气吗？毕竟，没有战果的战争根本不算胜利。

总之，但愿你为了"最后的胜利"而能忍一时的屈辱，那时你笑在最后，你将笑得最甜！

第七章

方圆性格，成就智者的事业

攀比对人有百害而无一益

不做贪心之人

追名求利，但不能急功近利

懂得选择，懂得放弃

追求有价值的人生目标

不为活给别人看

不要活在别人的价值观里

攀比对人有百害而无一益

人生在世，但凡是个正常的人，多多少少都有些虚荣，虚荣本来无可厚非，但虚荣过火之时便是让人讨厌之时。

尽管我们都知道"人比人，气死人"的道理，可在生活中，我们还是要将自己与周围环境中的各色人物进行比较，比得过的便心满意足，比不过的便在那儿生闷气发脾气，这其实都是我们的攀比之心在作怪，说白了还是虚荣心在那里作怪。

有这种心理的人，会将别人的什么东西都拿来与自己的进行比较：家里住多大的房子、有什么样的车子、老公的样子、花钱的派头、地板砖的质料、孩子的学习，当然更多地就是比看谁家住的、吃的、用的、玩的更阔气！

历史上常有权贵们互相攀比的例子：

北魏时期河间王琛家中非常阔绰，常常与北魏皇族的高阳进行攀比，要决一高低。家中珍宝、玉器、古玩，绫罗绸缎、锦绣，无奇不有。有一次王琛对皇族元融说："不恨我不见石崇，恨石崇不见我！"而石崇本身就是一个又富贵又爱攀比的人。

元融回家后闷闷不乐，恨自己不及王琛财宝多，竟然忧虑成病，对来探问他的人说："原来我以为只有高阳一人比我富有，谁知道王琛也比我富有，哎！"

还是这个元融，在一次赏赐中，太后让百官任意取绢，只要拿得动就属于你了。这个元融，居然扛得太多致使自己跌倒伤了脚，太后看到这种情景便不给他绢了，当时人们引为笑谈。

南北朝时有一个叫符朗的官员，当时朝中官员们有一个时尚：用唾壶。符朗为了攀比，炫耀，让小孩子跪在地上，张着口，符朗将痰吐进去，攀比到了用孩子作唾壶的地步！

分析人之所以乐攀比不疲的原因，实际上是一个面子问题。

人生在世，但凡是个正常的人，多多少少都有些虚荣，虚荣本来无可厚非，但虚荣过火之时便是让人讨厌之时。这攀比就是因过度虚荣而表现出来的一种让人讨厌的性格特征。

攀比有以下害处：

1. 让人情绪无常

当攀比之后，胜了别人，立刻情绪高涨，自大狂妄，以为天下惟有我是最了不起的；可是比得过甲，不见得比得过乙，不如乙的时候立刻情绪低落，感觉脸上无光，一点面子没有，恨不得找个缝隙自己钻进去。

像元融，见别人的财富珍宝多过自己，立刻满脸忧虑，甚至都愁出病来。

2. 易伤害交际感情

人在社会中，必须与他人交往，如果你在群体中不是去攀比甲，就是攀比乙，在攀比之中会伤害和你交往的对象。比得过，你便轻蔑别人，看不起别人，从而不尊重别人，别人只能对你不置可否；比不过的，你会满含妒意，或造谣、或诬陷，对人用尽一切诋毁之手段，同样会伤害别人的感情，破坏良好的交际关系。大家最后都懒得与你来往。

3. 攀比会使一个人容易走上犯罪道路

这犯罪无非是想尽一切办法去扩大自己的财富，提高自己的名声。当你所使用的手段不是那么正大光明时，比如你通过贪污挪用、行贿受贿来扩大自己的财富，好去虚荣地攀比，那么总有一天你会锒铛入狱的。

有很多人并不认为自己是攀比，而认为自己的花钱多、购物多、上档次、穿名牌、拿手机、玩掌上电脑是讲究生活品质，自诩自己的那些一掷千金、一掷万金的举动是"为了追求生活品质！""为了讲究生活品质！"

实际上，那些真正讲究生活品质的人并不是体现在表面上，也不是纯粹表现在物质这个浅层次上，"讲究生活品质"只不过是为自己肤浅的攀比行为打掩护。你只要在镜中照一下自己眼角的那处不屑、那处自满，你就会明白"生活质量"不过是攀比、炫耀的代名词！事实上，这只不过是失去了求好的精神，而将心灵、目光专注于物质欲望的满足上。在一个失去求好精神的社会中，人们误以为摆阔、奢侈、浪费就是生活品质，逐渐失去了生活品质的实质，进而使人们失去对生活品质的判断力，攀比着追逐名牌，追逐金钱，追逐各种欲望的满足。难怪人们在物质欲望满足之际，却无聊地在那儿打哈欠呢！无聊地在夜里互相攀比着烧钱玩！

但很多一般人还是在羡慕那些住大房子、开名牌车、穿着入时、经常上星级饭店渴酒、动辄将孩子送到国外去上学、身边总是有漂亮小姐称为"小蜜"的人，以为那才是生活，那才是生活的本质，于是我们这些一般人不择手段地去追求，甚至到心力交瘁的地步。

如果你是一个攀比的人，一个试图攀比的人，那么停下你的脚步吧：

1. 别让虚荣阻碍了你享受生活

攀比让你的虚荣心满足，可为了这满足你却付出了多大的代价：想方设法、不择手段、焦头烂额、心神交瘁，更大的代价是你忘了生活中还有比攀比更让人感到愉悦的事情。

2. 创造你自己的生活品质

真正的生活品质，是回到自我，清楚地衡量自己的能力与条件，在这有限的条件下追求最好的事物与生活。生活品质是因长久培养了求好的精神，从而有自信、丰富的内心世界；在外可以依靠敏感的直觉找到生活中最好的东西，在内则能居陋巷、饮粗茶、吃淡饭而依然创造愉悦多元的心灵空间。

3. 思考攀比的意义

与别人攀来比去，你最后除了虚荣的满足或失望之外，还剩下什么？有没有意义？是徒增烦恼还是有所收获？最后思考的结果即毫无意义。你感到无意义，自然就会停止这种无聊的行为。

不做贪心之人

一个人有很多心，比如良心、恒心、决心、信心、忠心等，可有一种心处理不好却是要栽跟头的，这便是贪心。

一个穷人，对神仙非常虔诚，感动了神仙。神仙决定帮他一把，于是在他面前显灵，朝路边的一块砖头一指，砖头变成了金砖，神仙将金砖送给穷人。

这个穷人并不满意，神仙又用手一指，把一尊大石狮变成金狮，一并送给他。这个穷人仍然不满意。

神仙问他："怎样才满意呢？"这个穷人犹豫了半天说："我想要你的这个手指。"神仙吃了一惊，他从来没见过这等贪心之人，于是他消失了，这个穷人什么也没得到。

类似的关于贪心的故事还能在外国童话《渔夫和金鱼》中看到：

渔夫打到一条小金鱼，它是海里的神仙，可以满足渔夫的愿望。渔夫的老婆本是个又穷又老又丑的老太婆，这老太婆在金鱼的帮助下有了华丽的房子，漂亮的衣服，精美的晚餐，成为拥有很多财富和仆人的贵妇人。但这位老太婆并不满足，她想成为海上的女霸王。金鱼默默地游进海里消失了，而老太婆又变成以前那个又丑又老又穷的老太婆。

人的贪心有各种各样的表现，像对财富的贪得无厌，对权力地位的贪婪成性，对美女俊男的贪恋，对国家财物的贪图，对好酒好菜的贪杯贪吃，做生意上的贪便宜，娱乐放松时的贪玩，对下属财物的贪贿爱贿等等，所有这些"贪"都是人的贪心造成的。

叔本华说："财富和海水非常类似，越喝喉咙就会越干燥。"

席勒说："贪者终至一无所得。"不可否认，人是有欲望的，正因为有了无穷的欲望，才有了人类追求上进的心；正是有了无数个人的上进，人类社会才一步步地向前发展，而且变得越来越文明，越来越进化。说人类的历史就是一部欲望的历史这并不为过。

但人如果过度放纵自己的这种欲望，则势必变成贪心，而贪心过度无疑会毁灭人类。不是吗？正是由于人类对大自然无休止的贪婪，才造成了资源枯竭、生态面临危机；而对水资源的贪心开采，使地面不断下沉；林业资源的乱砍滥伐，导致沙尘暴愈来愈严重。

而贪心表现在事业方面，同样应该适度。

培根说："野心有如胆汁，它是一种令人积极、认真、敏捷、好运的体液——假如它不受到阻止的话，但假如它受了阻止，不能自由发展的时候，它就要变为焦躁，从而成为恶毒的了。"

在事业上，贪心和野心有同样的特点。适当的贪心有助于事业的成功，因为它是人前进的动力，如果人人都像中国古人讲的"安分守己""安贫乐道"的话，那一个人就会永远处在"知足长乐""比上不足，比下有余"的境地中，那他在事业上恐怕永远没有什么更大的成就。穷人永远就是穷人，陈胜的"王侯将相宁有种乎"也就是成为空发的议论了。正是因为有了人的适当贪心，一个人才会不断地在事业上前进，不满足于已有的成就，取得更大的进步。正是这种具有创造性的贪心才推动了历史的发展。

所以，当物质欲和精神欲统一在一起的时候，会产生一股巨大的人生动力，激励人们在事业的道路上奋力开拓。但是，一个人必须注意使这种贪心在适度的范围内膨胀，否则就会咎由自取。

人在事业上过度的贪心会使人走上违法乱纪的道路：

1. 对权力地位的过度贪心

现实中常见一些人，由于对权力的过度贪欲，往往使自己权令智昏，就像莎翁笔下的麦克白夫人一样，走入自我毁灭的深渊。

某副局长为了爬上正局长的位置，去掉自己事业中的障碍——另一位副局长，便雇杀手，用炸药将其炸得粉碎，而自己也因为这种愚蠢的行为被绳之以法。

2. 对钱财的过度贪欲

有些人把"人为财死，鸟为食亡"也应用于事业的前途中，对钱财这种身外之物贪得无厌，最终到无以复加的地步。

在无锡的全国最大集资案中，那个一手通天的老太婆邓斌，手下有一个人名叫张国赢，此人是部队大校，副师级干部，而为了金钱，竟拜倒在邓斌脚下，成了这32亿非法集资案中的一个主要帮凶。

其实，在人的有限生命里，可消受的财富也是有限的，财富达到与自己的身份、地位、生存环境都不相符的程度时，它就成了毫无意义的数字游戏了。当财富多到一个人的能力无法驾驭的程度，它就剩下可供吹牛、满足虚荣心的价值了。

一位大钢铁公司的总经理，光荣一生，在即将离开事业岗位的一年间，被贪心女儿们的歪风吹晕了头："什么马上就到点了"，"过了这个村就没这个店了"，"现在不大捞一把更待何时"。这位大经理也就伸手一捞，结果把自己给捞进了监狱，晚节不保。

3. 对美色的过度贪欲

千百年来，色就像一把刀一样，横在人们事业的前进途中，"英雄难过美人关"，楚霸王项羽这样的大英雄面对生离死别的虞姬也泪流满面，不能自抑。

江西省前副省长胡长清，之所以在事业途中演变为一个大贪官，其背后的那个叫李平的女人起了很重要的作用，要不是这位丰韵犹存的半老徐娘，也许胡长清不至于走上一条不归路。

还有某市的副市长泡女人泡得发了狂，公开对那些心怀不满的人扬言："我泡女人，那是我有能耐，你们别在哪儿醋意大发了。"这位风流市长以调动工作、贷款、分房、提干为名，奸污了数名妇女，影响极其恶劣，后被政府绳之以法，真是大快人心。

贪心实际上就像一把双刃剑，用得好，可以成为防身、消除路上障碍的利器；而用得不好，则会反过来伤了自己，自食其果，所以贪心之人何不慎乎？

1. 转移法

假如你对名利、金钱之类的东西过于贪恋，不妨将此种情绪转移到你的某种爱好上，比如你喜欢琴棋书画，就可以将你的贪心用在这个方面，说不定还会在这个领域取得不错的成绩。

2. 克制法

人是社会的动物，人的自然性必然受到社会法律、道德、风俗习惯的制约。当一个人内心贪念极盛时，不妨想一想古往今来那些大贪们的悲惨结局，试试自己到底有没有承受法律制裁的勇气，会不会像那些贪官污吏在押赴刑场之时痛哭流涕。然后尝试着运用自己的毅力，将那种欲图的手收回来。

3. 远离干扰法

很多人贪心之大，跟人的私欲有直接关系，而有些人贪心则完全是受了社会上一类人的干扰，这类人包括朋友、亲戚、熟人，尤其是自己的妻子儿女。很多在事业上正如日中天的人，都是禁不住妻子枕头风的软磨硬泡，而伸出贪婪之手的。在这一点上，搞事业的人不可不戒。

追名求利,但不能急功近利

> 抛弃急功近利，着眼未来，而又脚踏实地，那么，我们就永
> 远年轻。

急迫地追求短期效应而不顾长远影响；追求眼前的屈屈小利，而不顾全局的根本利益，这都称之为急功近利。

古语云，欲速则不达。急功近利是成就大事业的绊脚石。

急功近利者，一定是戴着功利名位近视眼镜的目光短浅者。一叶障目，不见泰山，只闻到了芝麻的香，而忘却了西瓜的甜，只看到目前的境况，只看到暂时的贫富盈亏，头痛医头，脚痛医脚，是急功近利者一贯的行为方式。为了治好头而不顾脚，为了治好脚又可以不顾头。为了摆脱眼前的状况，可以不顾未来的利益；为了求得一时的痛快，而以长远的痛苦为砝码，其实这往往是得不偿失的。

你如果患上了急功近利的毛病，就一定心胸狭窄，胸无大志，总是盲从世俗，脑袋长在人家的脖子上。别人说军人时髦，你便想法穿上军装；别人说文凭重要，你便马上去混文凭；别人下海捞钱去了，你如同热锅上的蚂蚁，马上削尖脑袋下海去。

你根本不管"人何以为人"。什么人格啦、德性啦、人生境界啦、品行操守啦、灵魂啦，在你看来一钱不值。你以为人生在世惟吃好穿好玩好乐好便就是好，就是实在，就是价值。于是，为了达到吃穿玩乐之好，你可以不择手段，不顾廉耻，出卖灵魂。

然而这世间的事情也真怪，越是急功近利者越不容易得到功利，没有一个不顾廉耻，出卖灵魂的人能够得到真正的快乐。

无论什么样的急功近利者，总是瞪着一对贪得无厌的眼睛，死死地盯着名利二字。然而名利对于你就好似一个西方哲学家打过的一个比喻：如

同吊在车把面前的一块肉对于拉着车的车夫一样。车夫总想抓住那块肉，却总是抓不到。无论你把车拉得多么快，那块肉始终在你的车把前面，始终抓不到你手中。你成天绞尽脑汁，时刻伺机着投机取巧，而且忙忙碌碌、大汗淋漓、辛辛苦苦，到头来仍然一无所有。你仍然功未成、名未就、利未得。

大凡急功近利者，虽与好高骛远者殊途，却同归。同归于二：一同于一事无成，二同于无幸福可言，只有空忙一场。急功近利者不可能成就什么事业，因为你本来就没有什么长远追求，没有成就事业的志向，你的全部精力，全部时间和全部生命都无形地消失在你的短期行为之中，消失在你虚浮浅薄的劳作之中。你也许一时得利，可是你付出的太多，得到的终归微不足道，而且你活得太累。所以，你不可能有真正的快乐和幸福。

难道快乐和幸福首先不是一种心灵的优美和灵魂的安泰吗？

——所有急功近利者，无论年轻人的急躁、中年人的急进、老年人的急迫，莫不如此：无功无利无幸福。

可见，孔圣人没说错：欲速则不达。

为什么要急功近利呢？

产生对功利的急迫心理，说到底是没有通达生命的根本之道和根本之理。你认为人生中最大的事就是捞名挣钱，最高的人生幸福就是拥有名气钞票。却不知我们来到世间，自己的躯体不该被自己的心所奴役，我们的心也不该总是奴役着我们自己的身子。自之身成了自之心的奴隶，这身子就太无价值了；自之心总是缚着自之身，这心也太狭隘。在名利面前超脱一点，淡薄一点，不就轻装上阵了吗？轻装上阵的人无其心理负担，无其思想包袱，在奔赴成功的路上，跑得反而比别人更快。让我们的灵魂释然安然，这比什么都强。获得自由健康的身心，充分发挥我们内心的最高力量，展示我们最美善的天性，这难道不是我们人生最重大的事情吗？

假使我们能够跳开眼前名利诱惑，让我们的灵魂安泰，精神舒畅，同人类内在的神性——永不死亡、永无疾病、永不犯罪的神性维持和谐，那该得到何等伟大的生命效率呀，那该得到何等崇高的人生幸福呀！许多伟人们曾经这么强烈地向往，难道你不向往吗？

马克·吐温有句名言：让我们受到诱惑，让我们不受诱惑。身心的健康自由应为人生最高的诱惑，它为我们自身之应有，须臾不可离开，我们不妨受到诱惑，去拥有它。功名利禄本不属于我们自身的东西，它既不在我们的心中，也不在我们的肉体之内，有它和无它对于我们身心的存在并不发生直接的、必然的影响。何必付出人格的代价去孜孜以求？

你这一套不是老掉牙了的所谓"君子喻于义、小人喻于利"之陈词滥调吗？不就是董仲舒的那套什么"仁人者正其道不谋其利，修其理不急其功"的旧调重弹吗？

——其实，老则老矣，不一定都掉了牙。

我们东方文明就是这样，绝不损义以求利，舍义以贪功。我们总是追求人之为人的根本，绝不舍本求末。

但是，我们从来不是不食人间烟火者。我们知道，人类的一切劳作归根到底都是追求利益的行为，我们的最终理想无非在于追求利益。

但是，我们的所谓"利益"并非单方面的，并非只肥身而不顾养心，或者只乐心而不顾养身，而是对于人生总体价值的追求。我们追求长远的、根本性的利益，并非暂时的、表面的。当然我们知道眼前的一切作为，对于将来意味着什么，我们也不放过眼前的利益，但是一定要让眼前利益服从长远利益，这与急功近利者有着质的区别。

我们追求精神的不朽，我们十分看重于感觉时间。在我们的感觉中，生命是美好的，人生是美好的，我们脚踏实地地追求美好的人生。

而物理时间只作为我们的一个参考系数。生命之舟虽然维系于此，但它并不能直接反映人生的价值。我们的生年虽然难满一百，有的甚至只短暂瞬间，却放出了灿烂的光华。

抛弃急功近利，着眼未来，而又脚踏实地，那么，我们就永远年轻。

懂得选择，懂得放弃

如果知道自己摸到的是一手臭牌，就不要再希望这一盘是赢家；在陷进泥潭时，要知道及时爬起来远远地离开那里。

中国有句古话：有所为就有所不为。有所得，就必须有所失。什么都想得到，只能是生活中的侏儒。要想获得某种超常的发挥，就必须扬弃许多东西。瞎子的耳朵最灵，因为眼睛看不见，他必须竖着耳朵听，久而久之，耳朵功能达到了超常的境界；会计的心算能力最差，2 加 3 也要用算盘打一遍，而摆地摊的则是速算专家。生活中也一样，当你的某种功能充分发挥时，其他功能就可能退化。

世间行业千千万万，哪行做好了都能赚钱。每天都有企业垮台、破产，每天同样也有新的企业诞生。担任任何一种行业的领导，都应经营你熟悉的行业，把它研究深、透，方能有所作为。

求职就业，你不必总是盯着热门行业。过去是 360 行，现在的行当更多，但没有一种是永远的热门职业。而且随着社会的变迁，旧的行业在不断消失，新的行业又不断产生。近 10 年来，就业市场中冒出不少新兴行业，像投资顾问、房屋中介经纪人、自由职业者等等，都吸引了大批就业人口。而一种新兴的职业之所以能在就业市场中独领风骚，是与社会经济发展和人们就业观念的转变息息相关的。一开始，它也许并不是热门，只是追求的人多了，才成了时尚。如果这时你想介入该行业，就应当充分考虑你的兴趣能力，你的就业磨合期、收益时限以及这一职业的未来前景。

为了求得一份收入丰厚的工作，有不少人放弃了个人的兴趣追求。做事情往往超负荷运转，个人空间极小。从社会对劳动力的不同需求来看，这种选择无可厚非，但这往往并不是人们心目中最理想的选择。赚钱当然是必要的，但人们除了赚钱之外，对其他事物也有追求，如自由的时间，良好的健康，满意的人际关系和幸福的家庭等等。因此，一份相对自由的、能充分发挥个人聪明才智的工作将逐渐成为人们的首选择业目标。此时，人们就可能拥有更多灵活的时间，弹性安排自己的生活。这样的工作才是个性化的、理想的工作。

放弃其实是为了更好地得到，在放弃中进行新一轮的进取，绝不是三心二意。

就拿股市为例。看着人家的股票直往上走高，整个股市牛气冲天，偏偏自己的几只股却被套牢了。想当初刚买也是一路上涨，本打算到一个价位就出货，看看势头那么好，就又捂了几天，谁想后来就开始跌，只是犹豫了一下，就跌回了买价。想到原本是可以赚一笔的，此时出手实在不甘，于是再等等，就这样套了进去，一路还不停地按股市专家的教导在低位补货，直到资金全部用尽，被深深套牢。看着股市人气旺盛，一片翻红，也心仪其中几种，无奈资金被占用光了，若将手中的抛出去，总觉得亏损太多，心有不甘，只好望洋兴叹。

其实，如果放弃手中的，在别的股票上重新投资，以盈补亏，未必不是一个补救的办法，何必要一直死守呢？中国的股市，向来讲行情，一轮一轮的，此起彼伏，一个个概念股轮着炒，大势已去时，及时回头，该抽手时就抽手，也许早就赚回来了。

不只炒股，生活也如此。有一个大学时的高材生，经过一段社会历练后，以前的那股锐气和豪情壮志自然是没有了，而是被累得一副不堪重负的样子。他怨自己当初选错了行业，到了一个不具有自己优势的陌生行业。

问他为什么不换换呢？他说，干了这么多年，付出了那么多，放弃这些，再从零做起，觉得亏。放弃了，以前不是白干了？眼睛满是何必当初的绝望。所以坚守，一直坚守，10年前如此，5年前如此，如今更要不甘了。惟有死抗下去，绝不回头，听来多么英雄气短。何况还有疑虑：放弃了，再做别的，就一定能成功吗？所以他还是选择了等待。而他很多熟悉的朋友从零起步，现在已是大有所为。他的一位同学，5年前辞去一份收入不菲的工作开始创业，现在已拥有数千万资产的公司。

真正的强者，还要学会认输、学会放弃。放弃了才能再做新的，才有机会获得成功。这样的放弃其实是为了得到，是在放弃中开始新一轮的进取，绝不是低层次的三心二意。拿得起，也要放得下；反过来，放得下，才能拿得起。荒漠中的行者知道什么情况下必须扔掉过重的行囊，以减轻负担、保存体力，努力走出困境而求生。该扔的就得扔，生存都不能保证的坚持是没有意义的。

如果知道自己摸到的是一手臭牌，就不要再希望这一盘是赢家；在陷进泥潭时，要知道及时爬起来远远地离开那里，不会到蚊子法庭去讨回公道；上错了公共汽车时，要及时下车，去上另外的一辆。会认输是基本的生活常识，人不仅是知道进取，也要学会认输，知道放弃。进取和放弃同样重要。

追求有价值的人生目标

> 放弃得当，是对围剿自己藩篱的一次突围，是对消耗你精力事件的有力回击，是对浪费你生命敌人的扫射，是你在更大范围去发展生存的前提。

在墨西哥海岸边，有一个美国商人坐在一个小渔村的码头上，看着一个墨西哥渔夫划着一艘小船靠岸，小船上有好几条大黄鳍鲔鱼；这个美国商人对墨西哥渔夫抓这么高档的鱼恭维了一番，问他要多少时间才能抓这么多？

墨西哥渔夫说：才一会儿功夫就抓到了。美国人再问：你为什么不呆久一点，好多抓一些鱼？墨西哥渔夫觉得不以为然：这些鱼已经足够我一家人生活所需啦！美国人又问：那么你一天剩下那么多时间都在干什么？

墨西哥渔夫解释：我呀？我每天都睡到自然醒，出海抓几条鱼，回来后跟孩子们玩一玩，再跟老婆睡个午觉，黄昏时晃到村子里喝点小酒，跟哥们儿玩玩吉他，我的日子可过得充实又忙碌呢！

美国商人不以为然，帮人出主意，他说：我是美国哈佛大学的企管硕士，我倒是可以帮你忙！你应该每天多花一些时间去抓鱼，到时候你就有钱去买条大一点的船，自然你就可以抓更多鱼，再买更多渔船。然后你就可以拥有一个渔船队。到时候你就不必把鱼卖给鱼贩子，而是直接卖给加工厂，或者你可以自己开一家罐头工厂。如此你就可以控制整个生产、加工处理和行销。然后你可以离开这个小渔村，搬到墨西哥城，搬到洛杉矶，最后到纽约。在那里经营你不断扩充的企业。

墨西哥渔夫问：这要花多少时间呢？

美国人回答：15 到 20 年。

墨西哥渔夫问：然后呢？

美国人大笑：然后你就可以在家当皇帝啦！时机一到，你就可以宣布股票上市，把你的公司股份卖给投资大众。到时候你就发啦！你可以几亿几亿地赚！

墨西哥渔夫问：然后呢？

美国人说：到那个时候你就可以退休啦！你可以搬到海边的小渔村去住。每天睡到自然醒，出海随便抓几条小鱼，跟孩子们玩一玩，再跟老婆睡个午觉，黄昏时，晃到村子里喝点小酒，跟哥们儿玩玩吉他！

人生中有时我们拥有的内容太多太乱，我们的心思太复杂，我们的负荷太沉重，我们的烦恼太无绪，诱惑我们的事物太繁重，大大地妨碍了我们，无形而深刻地损害着我们。

我们的人生要有所得，就不能让诱惑自己的东西大、杂、多，心灵里累积的烦恼太乱杂，努力的方向过于分叉，我们要简化自己的人生。我们要经常地放弃，要学会经常否定自己，把自己生活中和内心里的一些东西断然放弃掉。

如果我们永远凭着过去生活的惯性，日常世故的经验，固守已经获得的功名利禄，想要获取所有的权钱职位，什么风头利益都要去争，什么样的生活方式都让我们眼花缭乱，什么朋友熟人都不愿得罪，这样我们会穷于应付，把很多时间和精力都花在无谓的纷争和无穷的耗费上。不仅自己的正常发展受到限制，甚至迷失自己真正应该前进的方向。

在人生的一些关口，我们的生命中会长出一些杂草，侵蚀我们美丽丰富的人生花园，搞乱我们幸福家园的田地，我们要学会对这些杂草铲除和放弃。放弃不适合自己的职业，放弃异化扭曲自己的职位，放弃暴露自己弱点缺陷的环境和工作，放弃虚名，放弃人事的纷争，放弃变味的友谊，放弃失败的恋爱，放弃破裂的婚姻，放弃没有意义的交际应酬，放弃坏的情绪，放弃偏见恶习，放弃不必要的忙碌压力。

除却我们人生田园里的这些杂草害虫，我们才有机会同真正有益于自己的人和事亲近，才会获得适合自己的东西。我们才能在人生的土地上播下良种，致力于有价值的耕种，最终收获丰硕的果实，在人生的花园采摘到鲜艳的花朵。

放弃得当，是对围剿自己藩篱的一次突围，是对消耗你精力事件的有力回击，是对浪费你生命敌人的扫射，是你在更大范围去发展生存的前提。

放弃得当，是对捆绑自己的背包的一次清理，丢掉那些不值得你带走的包袱，拿掉拖累你的行李，你才可以简洁轻松地走自己的路，人生的旅行才会更加愉快，你才可以登得高、行得远，看到更美更多的人生风景。

不为活给别人看

> 若想活得不累，活得痛快、潇洒，只有一个切实可行的办法，就是改变自己，主宰自己，不再相信"人言可畏"。

有个人一心一意想升官发财，可是从年轻熬到斑斑白发，却还只是个小公务员。这个人为此极不快乐，每次想起来就掉泪，有一天竟然号啕大哭起来。

一位新同事刚来办公室工作，觉得很奇怪，便问他到底为什么难过，他说："我怎么不难过？年轻的时候，我的上司爱好文学，我便学着做诗、学写文章，想不到刚觉得有点小成绩了，却又换了一位爱好科学的上司。我赶紧又改学数学、研究物理，不料上司嫌我学历太浅，不够老成，还是不重用我。后来换了现在这位上司，我自认文武兼备，人也老成了，谁知上司又喜欢青年才俊，我……我眼看年龄渐高，就要退休了，一事无成，怎么不难过？"

可见，没有自我的生活是苦不堪言的，没有自我的人生是索然无味的，丧失自我是悲哀的。要想拥有美好的生活，自己必须自强自立，拥有良好的生存能力。没有生存能力又缺乏自信的人，肯定没有自我。一个人若失去自我，就没有做人的尊严，就不能获得别人的尊重。

活着应该是为了充实自己，而不是为了迎合别人的旨意。没有自我的人，总是考虑别人的看法，这是在为别人而活着，所以活得很累。有些人觉得：老实巴交会吃亏，被人轻视；表现出众，又引来责怪，遭受压制；甘愿瞎混，实在活得没劲；有所追求吧，每走一步都要加倍小心。家庭之间、同事之间、上下级之间、新老之间、男女之间……天晓得怎么会生出那么多是是非非。你和新来的男同事有所接近，有人就会怀疑你居心不良；你到某领导办公室去了一趟，就会引起这样或那样的议论；你说话直言不讳，人家必然感觉你骄傲自满、目中无人；如果你工作第一，不管其他，人家就会说你不是死心眼太傻，就是有权欲野心……凡此种种飞短流长的议论和窃窃私语，可以说是无处不生、无孔不入。如果你的听觉视觉尚未失灵，再有意无意地卷入某种漩涡，那你的大脑很快就会塞满乱七八糟的东西，弄得你头昏眼花、心乱如麻，岂能不累呢？

从前，有一个士兵当上了军官，心里甚是欢喜。每当行军时，他总喜欢走在队伍的后面。

一次在行军过程中，他的敌人取笑他说："你们看，他哪儿像一个军官，倒像一个放牧的。"

军官听后，便走在了队伍的中间，他的敌人又讥讽他说："你们看，他哪儿像个军官，简直是一个十足的胆小鬼，躲到队伍中间去了。"

军官听后，又走到了队伍的最前面，他的敌人又挖苦他说："你们瞧，他带兵还没打过一个胜仗，就高傲地走在队伍的最前边，真不害臊！"军官听后，心想：如果什么事都听别人的话，自己连走路都不会了。从那以后，他想怎么走就怎么走了。

人要是没了自己的主见，经不起别人的议论，那么就会一事无成，最后自己都不知该怎么办。我们若想活得不累，活得痛快、潇洒，只有一个切实可行的办法，就是改变自己，主宰自己，不再相信"人言可畏"。

我们每个人绝无可能孤立地生活在这个世界上，几乎所有的知识和信息都要来自别人的教育和环境的影响，但怎样接受、理解和加工、组合，是属于你个人的事情，这一切都要独立自主地去看待、去选择。谁是最高

仲裁者？不是别人，而是你自己！歌德说："每个人都应该坚持走为自己
开辟的道路，不被流言所吓倒，不受他人的观点所牵制。"让人人都对自
己满意，这是个不切实际、应当放弃的期望。

我们周围的世界是错综复杂的，我们所面对的人和事总是多方面、多
角度、多层次的。我们每个人都生活在自己所感知的经验现实中，别人对
你的看法大多有其一定的原因和道理，但不可能完全反映你的本来面目和
完整形象；别人对你的反映或许是多棱镜，甚至有可能是让你扭曲变形的
哈哈镜，你怎么能期望让人人都满意呢？

如果你期望人人都对你看着顺眼、感到满意，你必然会要求自己面面
俱到。不论你怎么认真努力，去尽量适应他人，能做得完美无缺，让人人
都满意吗？显然不可能！这种不切合实际的期望，只会让你背上一个沉重
的包袱，顾虑重重，活得太累。

一位画家想画出一幅人人见了都喜欢的画，画毕，他拿到市场去展
出。画旁放一支笔，并附上说明：每一位观赏者，如果认为此画有欠佳之
笔，均可在画中涂上记号。晚上，画家取回画，发现整个画面都涂满了记
号——没有一笔一画不被指责。画家十分不快，对这次尝试深感失望，
他决定换一种方法去试试。画家又摹了一张同样的画拿到市场上展出。
可这次，他要求观赏者将其最为欣赏的妙笔标上记号。当画家再取回画
时，画面又被涂遍了记号，一切曾被指责的笔画，如今却都换上了赞美
的标记。

我们无法改变别人的看法，能改变的仅是我们自己。每个人都有每个
人的想法，每个人都有每个人的看法，不可能强求统一。讨好每个人是愚
蠢的，也是没有必要的。与其把精力花在一味地去献媚别人、无时无刻地
去顺从别人，还不如把主要精力放在踏踏实实做人、兢兢业业做事、刻苦
学习上。改变别人的看法总是艰难的，改变自己总是容易的。

有时自己改变了，也能恰当地改变别人的看法。光在乎别人随意的评
价，自己不努力自强，人生就会苦海无边。别人公正的看法，应当作为我
们的参考，以利修身养性；别人不公正的看法，不要把它放在心上，以免
影响今后生活的心情。

不要活在别人的价值观里

如果你想活得自在一点，有时候，你可以勇敢地站出来说"不"。记住，你不必内疚，因为那是你的基本权利。

也许，你在工作上是一个全心投入的人，而且几乎是到了鞠躬尽瘁的地步。主管交给你的任务，你从来不打马虎眼；要求你额外超时加班，你也毫无怨言；同事拜托你的事，不管是不是你分内的职责，你总是不忍拒绝。其实，你早已忙得分身乏术，焦头烂额，但你还是强打精神说："没事！没事！"没有人知道你累得半死，但是，你就是不愿开口对人说"不！"

大多数的时候，我们是碍于情面而不敢说"不"，或者因为不好意思说"不"，结果很多原本明明不该是自己的事，统统落在自己头上。要不就是所做的事大大超过自己的能力负荷，让自己面临崩溃的边缘。

做老板的都喜欢全力拼搏的员工，但你可知道，如果你一心讲究牺牲奉献，处处想讨好别人，做一般人心目中的模范员工，最后你可能会丧失自我。

最明显的现象莫过于：你总是强迫自己做一些你并不想做的事，即使有不满的情绪，你也强忍去做。你认为别人把这些事情交给你做，是因为看得起你，信任你的能力。如果你一旦拒绝，别人就会怪罪你，批评你不善于与人合作，使你产生一种罪恶感。总而言之，你不希望你的印象被别人大打折扣。

在一个团体中，这种"讨好"的心理是可以理解的。行为心理学家称这种举动为"寄生依赖者"——企图凭借外在的人和事来提升自我的价值。然而，行为心理专家发现，绝大多数寄生依赖者都不快乐，他们内心很容易焦虑。这种人往往过度依赖别人的期望，活在别人的价值观里，渴求别人赞美来寻求自己的定位。如果不能得到好评，他们就会自责，怀疑自己是不是出了什么差错？根据分析，很多"工作狂"都是寄生依赖者，他们每天工作动辄超过十几个小时，就连节假日也不放过，他们兢兢业业，牺牲了个人的休闲以及与家人相处的时间。在他们全心全力投入工作之际，却日渐疏离了与家人的关系。这种过度依存于工作的工作狂，就像是沉迷于赌博或宗教信仰一样，行为完全被控制。

对工作狂而言，一旦不必工作，拥有了自由，就好像是遭人遗弃。所以，任何事他都想一手包办，那样可以让他觉得被人爱戴，代表自己是不可或缺的。你劝他："何必那么累？有些事可以交给别人做嘛！"他会用更坚定的语气回答你："我不做不行！除了我，还有谁能做？"表面看来，工作虽然是束缚，捆绑他动弹不得，其实反而让他觉得安慰，令他产生被人关心、被人需要的满足。因为他相信，当他工作卖力的时候，别人才会注意到他的一言一行。

还有的人，则是缺乏自信，担心拒绝别人，好像就表示自己太懒惰，太不通情理，会遭受责骂。他们害怕别人的权威，为了博取好感，维持与别人的关系，即使是无理的要求，也只得点头说"好"。

心理专家同时指出，比较起来，女性似乎比男性更容易成为寄生依赖者。因为女性从小就被教导要"服从""听话""温顺"，当别人有所要求时，"拒绝"是一种不礼貌的行为。因此，很多女性长大以后，周旋在丈夫、儿女、公婆、老板之中，她们极力扮演好各种角色，处处讨好别人，一旦发现自己力不从心，就会陷入极度沮丧的情绪中。

事实上，我们常常过度在乎自己对别人的重要性。我们常常听到调侃别人的一句话："没有你，地球照样在转动。"这句话的意思是说，没有什么人是不能被取代的。如果你把每一件事都看成是你的责任，妄想完成每一件事，这根本是在自找苦吃。你真正该尽的责任是，对你自己负责，而不是对别人负责。你首先应该认清自己的需求，重新排列价值观的优先顺序，确定究竟哪些对你才是真正重要的。把自己摆在第一位，这绝不是自私，而是表明你对自己的认同。

你虽然赞成这种说法，可是觉得还是有些为难，你不知道该如何开口说"不"。真有那么困难吗？其实那是我们人的本能。心理学家说，人类所学的第一个抽象概念就是用"摇头"来说"不"。譬如，一岁多的幼儿就会用摇头来拒绝大人的要求或者命令，这个象征性的动作，就是"自我"概念的起步。

"不"固然代表"拒绝"，但也代表"选择"，一个人通过不断的选择来形成自我，界定自己。因此，当你说"不"的时候，就等于说"是"，你是一个不想成为什么样子的人。

勇敢说"不"，这并不一定会给你带来麻烦，反而是给你减轻压力。如果你现在不愿说"不"，继续积压你的不快，有一天忍耐到了极限，你失控地大吼："不"，面对难以收拾的残局，别人可能会反过头来不谅解地问你："你为什么不早说？"

如果你想活得自在一点，有时候，你可以勇敢地站出来说"不"。记住，你不必内疚，因为那是你的基本权利。

第八章

三分失败天注定，七分成功靠打拼

拥有先发制人的能力

做最好的准备，做最坏的打算

敢于和强手过招

主动推销自我

努力克服书呆子气

脸皮厚度，决定成就的大小

厚脸皮做人，硬头皮做事

麻烦当前，一把抓住问题的要害

培养多谋善断的性格

培养多谋善断的性格

　　决策果断是人格心理的优良品质，它影响到人的行为的成败。

　　缺乏果断品质的人，遇事优柔寡断，在做决定时，往往犹豫不决，而在做出决定之后，又不能坚决执行。缺乏迅速果敢和机动灵活应变能力的人，只能坐失良机。

　　在《三国演义》一书中，关于诸葛亮多谋果断的故事，有很多描述。

　　西蜀的街亭被司马懿夺走之后，司马懿又率大军50万去夺取诸葛亮驻守的西城。当时城中只有2500名老弱残兵，这是一座空城。面对强大的敌人，战也不能战，守也守不住，又不能逃跑。在这千钧一发的困境中，诸葛亮毫不犹豫地隐匿兵马，城门大开，令少数几个老兵装作平民百姓打扫街道。他自己登上城楼，面对城外而坐，弹琴，饮酒，怡然自得，好一派永庆升平的景象。正是这"空城计"，使司马懿仓惶逃走，诸葛亮扭转了战局，由败转胜。诸葛亮决策果断，堪称典范。

　　影响果断品质的因素有多种：

　　第一，有广博的知识和丰富的经验。谋略与知识是密不可分的，只有知识面广才能足智多谋，孤陋寡闻的人，只能导致智力枯竭。诸葛亮在未出茅庐之时，就上知天文下知地理，对天下大势了如指掌，就已经制定了东联孙吴，北拒曹魏，三分天下有其一的对抗战略。可见他能果断地制定"空城计"的谋略也就不足为奇了。

　　第二，果断是经过充分估计客观情况，认真研究和掌握交往对象的各种情况而产生的谋略。曹操率领百万大军进犯江东孙权疆界，东吴朝野上下，主战主降者各执一词，孙权也犹豫不决。出使东吴的诸葛亮，详细分析了曹操的各种情况。诸葛亮认为，曹操号称百万之师，其实不过四五十万，而且降兵将多，军心不稳，没有战斗力，曹兵皆北方人，不服南方的气候、水土、不习水战，难以致胜。这样的分析，使孙权点头折服，接受了诸葛亮的东吴与西蜀联手抗曹的谋略。这从降到战的转变，正是由于分析和掌握作战对象的情况而制定的。

诸葛亮设计"空城计"，也正是他经过深思熟虑后对司马懿心理状态的正确判断。正如诸葛亮后来所说："此人料吾生平谨慎，必不弄险，见如此模样，疑有伏兵，所以退去，非吾冒险，概因不得以而用之。"

第三，对较为复杂的交往活动，为了实现谋略，往往需要同时设想多种方案，以便能得以选择最理想的交往谋略去指导交往。

第四，要把握时机，适时地做决定。俗语说："机不可失，时不再来。"交往的谋略要适合一定的机会，一定的谋略总是在特定时间和地点，在特定条件下才能成功，谋略也是随着时间、地点，条件的变化而变化。

在《钢铁是怎样练成的》一书中曾讲述过这样一段故事：保尔·柯察金在途中见到自己的战友朱赫来被敌人的一个士兵押解着。这时，保尔的心狂跳起来，猛然想起自己衣袋里的手枪。于是决定等他们从身边走过时，开枪射死敌士兵，但是一个忧虑的念头又冲击着他："要是枪法不准，子弹万一射中朱赫来……"就在这一刹那之间，敌士兵已走近面前，在这关键时刻，保尔出其不意地一头扑向那个士兵，抓住了他的枪，死命地往下按……朱赫来终于得救了。

这段故事充分表现了保尔·柯察金的这个决定是果断有力的。

果断不同于冒失或轻率。果断是经过深思熟虑，充分估计客观情况，迅速做出有效的决定；在根据不足，又容许等待时，善于等待，并进行准备；在情况发生变化时，又善于根据新情况，及时做出新决定。

麻烦当前，一把抓住问题的要害

能从纷繁复杂的信息中突见端倪，需要大学问也需要大智慧。能够做出成功的政治预测的人，已不是一般的政治家了，而是预言家，先知先觉者！

怎样才能找准做大事的切入之道？首先一点是，要有高瞻远瞩的目光，又要有明察秋毫的眼力。"百智之首，知人为上；百谋之尊，知时为先；预知成败，功业可立。"即做事，能一把抓住问题的要害，这是成大事的必要条件。

所谓知人，就是善于了解人，有知人之明；所谓知时，就是善于洞察世事，能够掌握作出决断的条件；所谓知成败，就是能够根据上述两个方面，对军事，政治等各个方面的发展变化作出预测，并同时为取得最好的结果而积极准备。

《孙子兵法》里有这样一段著名的话："知己知彼，百战不殆；不知彼而知己，一胜一负；不知彼，不知己，每战必败。"这可谓是古往今来的战争的总结。

"知彼"的情形十分复杂，包括对对方的将帅、士气、作战能力、所处形势等所有的方面的综合了解。如果说"知彼"难的话，"知己"就更难，所谓"当局者迷"，人们往往很难对自己做出客观的了解和评价。如果既能客观地评价自我又能全面地了解对手，那么就会无往而不胜了。

但在"知彼"的诸多方面中，了解彼方主帅的性格、谋略、为人、心态、志向等因素恐怕是十分重要的，也是首要的。只要能吃透对手，对他的意图了然于胸，那主动权的就牢牢在握了。哪怕己方不如对方，只要能把握住对方，也不至于大败，这就是所谓的"惹不起，躲得起"。

中国历史上还有很多著名的政治家，他们往往有如神算，似乎上知千年，实际上，他们也是平凡普通的，只不过善于根据社会形势、人事去分析得失成败以及各种力量的对比发展罢了。所以，高瞻远瞩就成了统治者必不可少的素质，所谓"人无远虑，必有近忧"，说的就是这个意思。因此，中国在政治预测方面的智慧是相当发达的。但具体的世事变化之后，总有一定的发展规律，把握了规律就能有正确的预测。总起来看，不外乎从社会发展、形势变迁、人事转化三个方面入手。

在《三国志》中有一篇著名的"隆中对"，是诸葛亮在隆中回答刘备有关天下大势的咨询。在这席冠绝千古的谈话中，诸葛亮未出隆中就三分天下，而其后的形势也正是根据他的预测发展的，诸葛亮可谓是一位"国际形势预言家"了。但细看这篇"隆中对"，就可看出诸葛亮对天下大势的论断、局势的把握不是靠能掐会算给看出来的，而是完全依据于对现实形势、人事的准确全面的了解和细致周密的分析而作出的。还有很重要的一点，就是他一旦出了隆中，就尽心尽力地辅佐刘备，可谓鞠躬尽瘁，死而后已。正是靠了他的努力，刘备才得以与曹操、孙权抗衡而三分天下有其一。看来，要想做一个政治预测家，不能以隔岸观火的悠闲态度来对待世事，只有参与和投入其中，才能有比较深入的了解与正确的预测。从这个意义上讲，他就不仅是政治预言家，还是政治活动家了。

相对来讲，预知成败并具体操作要比单纯的知人和知时要困难得多了，因为它是一项"综合工程。"

司马懿的儿子司马昭，也可谓有知人之明，亦有政治家的才干。他在派大将钟会和邓艾伐取蜀国时，做了一番细致独到的分析，可谓把钟会和邓艾紧紧地捏在手心里，不论二人反与不反，都逃脱不了司马昭的控制。

当初，司马文王（司马昭）想派遣钟会征伐蜀国，下属邵悌求见文王说："臣认为钟会的才能不足以担当统帅十万大军征伐蜀国的任务，否则只怕会有不测，请您再考虑考虑别的人选。"文王笑着说："我难道还不懂得这个道理吗？蜀国给天下兴起灾难，使黎民不得安宁，我讨伐他，胜利如在指掌之中，而众人都说蜀不可以征伐，人如果犹豫胆怯，智慧和勇气就会丧失干净，智慧和勇气都没有了，即使他勉强去了，估计也打不了什么胜仗而只会大败而归。只有钟会与我们主意相同，现在派钟会伐蜀国，一定可以灭亡蜀国。灭蜀之后，即使发生了你所顾虑的事情，他又能做什么呢？凡败军之将不可以同他谈论勇气，亡国的大夫不可以与他谋划保存国家，因为他们心胆都已吓破了。倘若西蜀被攻破，残留下来的人震惊恐惧，就不足以与他们图谋了；中原的将士各自思乡心切，就不肯与他同心了，倘若作乱，只会自取灭族之祸罢了。所以你不必对这件事感到担忧，只是不要把我的这些话告诉别人了。"

等到钟会禀告邓艾有反叛的迹象，文王统兵将往西行，邵悌又说："钟会所统领的军队超过邓艾五倍，只要命令钟会逮捕邓艾就可以了，不值得你亲自领兵去。"文王说："你忘记了你前一阵子说的话吗？怎么又说可以不必我亲自去呢？虽然如此，这些话也还是不可分开。我自己应当以信义对待他人，但他人也不应当辜负我，我怎能首先对人家产生疑心呢？近些日子中护军贾充曾向我说：'是否有些怀疑钟会？'我回答说：'如果我派遣你去了，难道又可怀疑你吗？'我一到长安，事情就会自行结束了。"司马昭的军队到长安时，钟会果然像司马昭所预料的那样，已经死去了。

司马昭深知二人必反，但又派二人前去，这是用其勇。的确，如果不是邓艾出奇兵从阴平小路偷袭成都，蜀国还不知道何时才能攻破。正是由于邓艾和钟会两人的内外夹攻，蜀国才破于一旦。但二人皆有反心，必然相互牵制，所以，钟会先是逮捕了邓艾，宣布反叛，然后又被部将所杀，邓艾亦被乱兵所杀，二人取了成都，却又拱手送给了司马昭。即使钟会在蜀地反叛成功，司马昭也不怕，因为他早已断定，蜀地人心不可用，钟会成不了大事。况且司马昭听到钟会报告邓艾反叛的消息，即起大兵西去，众将不解，其实司马昭用意不在对付邓艾，而在对付钟会。可以说，司马昭实在是计出万全了。

洞若观火的政治预测历来被传统智谋视为较高的境界。因为政治预测要比军事预测复杂得多，政治预测是包括了军事因素、经济因素、政治文化和人事因素等诸种社会因素的一种综合预测，其内容包罗万象，其关系错综纠葛，若有一处考虑不到，就会产生重大的失误。因其政治预测并不像算命那么简单，能从纷繁复杂的信息中突见端倪，需要大学问也需要大智慧。能够做出成功的政治预测的人，已不是一般的政治家了，而是预言家，先知先觉者！

同样，我们做别的事，也应当如此，否则你两眼模糊，就会被假象所惑，看不清事情的本质，从而浪费许多精力。因此最成功的成事之道在于——抓住要害再动手！

厚脸皮做人，硬头皮做事

　　"死猪不怕开水烫"，我已经走投无路，到了这步田地，还要那面皮做甚？

汉代的大辞赋家司马相如出川漫游，一篇《子虚上森赋》海内闻名。博雅之士无不以结识司马相如为荣。但司马相如放任不羁，又不治业，一派浪荡公子相。

这一年，司马相如外游归川，回来的路上路过临邛。临邛县令久仰司马相如之名，恭请至县衙，连日宴饮，写赋作文，好不热闹。

此事惊动了当地富豪卓王孙。卓王孙原是赵人，秦人移民时迁来临邛，以冶铁致富，家有万金，奴仆千人。听说来了个才子司马相如，也想结识一下，以附庸风雅。但他仍脱不了商人的庸俗，故而实为请司马相如，但名义上却是请县令王吉，让司马相如作陪，司马相如本看不起这班无才暴富之人，所以压根儿没准备去"陪宴"。

到了约定日期，卓王孙尽其所能，大摆宴席。县令王吉因平日依仗卓王孙钱财之事甚多，所以早早就到了，但时辰早过，司马相如却没有来，卓王孙如热锅蚂蚁一样，王吉只好亲自去请。

司马相如正在高卧独饮，驳不过王吉面子，来到卓府，卓王孙一见穿戴，心中早已怀瞧不起之意，心想自己是要脸面之人，请来的却是这样一个放荡无礼之辈。

司马相如全然不顾这些，大吃大嚼，只顾与王吉谈笑，早把卓王孙冷在一边。

忽然，司马相如听到内室传来凄婉的琴声，那琴声不俗，司马相如一下子停止了说笑，倾耳细听起来。

卓王孙原被冷在一起，讪讪地无意思，今见琴声引住了这位狂士，于是夸耀说这是寡女卓文君所奏。司马相如早已痴迷在那里，忙请求让卓文君出来相见。卓王孙经不住王吉撺掇，派人唤出卓文君。

司马相如一见卓文君，两眼直勾勾愣在那里，他万万没想到这俗不可耐的卓王孙竟有这般美丽高雅的女儿。于是要过琴来，弹了一曲《凤求凰》向卓文君表达爱意。卓文君心里明白，爱慕司马相如的相貌和才华，当夜私奔到司马相如处，以身相许。经过商量，两人一起逃回成都。

卓王孙知道后，气得暴跳如雷，又是骂女儿不守礼教，又是骂司马相如衣冠禽兽，发誓不准他们返回家门。

卓文君随司马相如回到成都后才知道，她的夫君虽然名声在外，但家中却很贫寒。万般无奈，他们只好返回临邛，硬着头皮托人向卓王孙请求一些资助，不料，卓王孙破口大骂："我不治死这个没出息的丫头就算便宜她了，还想要我接济，一个子儿不给！"

夫妇俩听说父亲的态度如此坚决，心都凉了半截儿，可是眼下身无分文，日子可怎么过呢？到底他们俩都有"才"，很快想出了一个"绝招"。

第二天，司马相如把自己仅有的车、马、琴、剑及卓文君的首饰卖了一笔钱，在距卓府不远的地方租了一间屋子，开了一个小酒铺。

司马相如穿上伙计的衣服，卷起袖子和裤脚，像酒保一样，又是擦桌椅，又是搬物件，卓文君穿着粗布衣裙，忙里忙外，招待来客。

酒店刚开张，就吸引了许多人来。这倒不是因为他们卖的酒菜价廉物美，而是前来目睹这两位远近闻名的落难夫妇。司马相如夫妇一点也不感觉难堪，内心倒很高兴，因为这正达到了他们的目的——给顽固不化的老爷子现现眼。

很快，临邛城里人人都在议论这件事，有的对这一对夫妇表示同情，有的责备卓王孙刻薄。卓王孙毕竟是一位有身份、有脸面的人物，十分顾忌流行一时的风言风语，居然一连几天都没有出门。

有几个朋友劝卓王孙说："令爱既然愿意嫁给他，就随她去吧，再说司马相如毕竟当过官，还是县令的朋友。尽管现在贫寒，但凭他的才华，将来一定会有出头日子，应该接济他们一些财钱，何必与他们为难呢？"

这样一来，卓王孙万般无奈，分给卓文君夫妇仆人百名，钱财百万，司马相如夫妇大喜，带上仆人和钱财，回成都生活了。

司马相如与卓文君的做法，颇有几分泼皮无赖之相。套用一句老百姓的俗说，这叫做"死猪不怕开水烫"，我已经走投无路，到了这步田地，还要那面皮做甚？要丢人现眼，索性一块儿丢了吧。

脸皮厚度，决定成就的大小

厚脸皮是一种随机应变，善于处事，且能置他人的所想所思于不顾的能力。

中国人最讲究"脸皮"，似乎干什么事都特别在意面子，许多含辛茹苦将儿子培育成人的父母，看到儿子能够"光宗耀祖"，即使自己吃糠咽菜心里也是美得了不的，因为儿子给他们在乡亲面前挣得了脸皮——面子。这种对脸皮的观念，其实就是指别人如何看待你，怎样对待你。说穿了，特别在意脸皮的人不是为自己活着，而是在为他人而活着。

西方人认为，皮肤厚、对别人的责难和非议无动于衷者为最佳之人。这种思想近乎厚脸皮这一观念：一种保护自己的自尊心免受别人恶言恶语伤害的盾牌。

一个人不理睬他人的风言冷语，善于运用厚脸皮来保护自己，可以塑造正面的自我形象。在试图实现任何目标过程中，我们总是对自己实现目标的能力、动机、或者如愿以偿时所得到好处的价值心存疑虑。我们常常觉得有必要首先提高自己的水平，只有当我们的能力更强之后，才能圆自己的美梦。

脸皮厚者能够把自我怀疑撇在一边，拒绝接受别人试图强加于他头上的"紧箍咒"。更重要的是，不怀疑自己的能力和价值。在他的眼里，只有自己才是尽善尽美的人，所以他们往往更容易步入成功人士的行列。

人世间有一种脸皮厚的人由于极其自信而把信心灌输于他人，对于他们来说，从来就没有什么不好意思这个概念，他们干什么事都是按照自己的意愿放手大干，并且获得成功。

当然，一位脸皮厚者不见得非要独断专行，或者咄咄逼人。他也许是卑躬屈膝，唯唯诺诺，你打他的左脸还会把右脸给你打的人。厚脸皮是一种随机应变，善于处事，且能置他人的所想所思于不顾的能力。

中国古代有一则关于韩信年轻时的佳话。韩信是一位家喻户晓、妇孺皆知的人，有一天，他在自家居住的城镇街道上行走，被几个地痞无赖拦住。这几个人要与他决一死战。韩信婉拒挑战，谁知他们硬缠着不让他离去，执意要他要么撕杀，要么就象狗一样从领头人的胯下钻过去。结果，韩信选择了钻裤裆，放弃了决战，尽管对于一般人来说，这是一种难以言表的耻辱。

关于韩信蒙受凌辱、胆小如鼠的流言不胫而走，迅速传遍全城。在大庭广众面前，他遭人耻笑，可是他一次也未向任何人提及个中原委，也没解释自己表面看来丧失骨气行为的理由。在日后的人生旅途中，他展示了自己的才华，成为中国历史上赫赫有名的战将。对于他来说，那几个目不识丁的痞子毫无威胁可言，他们压根儿就不是他的对手。他心中明白自己是个天不怕地不怕的战将，毫不在乎别人对他怎么想。韩信的厚脸皮在于表面上他是一个温顺胆小之人，这是为了使自己不杀害那两个微不足道的恶棍而给自己惹来麻烦。

虽然说韩信的脸皮已经够厚的了，但他还不算顶尖高手。在刘邦与项羽争战相持不下之时，本来可以乘机三分天下的韩信，却为了报答刘邦的"知遇之恩"，毅然率兵打败项羽，成就了刘邦的帝业，反而为自己埋下了"狡兔死，走狗烹"的下场。

而刘邦的脸皮可说是达到了极点，这正是他能够战胜势力强大的项羽、由一介布衣登上皇位的原因所在。刘邦与项羽之间的厮杀，起初，项羽拥有最精良的军队，占据各方面优势。在历时三年的征战中，项羽打了无数场战斗，只输了一场。可是，就这一场失利，使他最终将胜利送给了一个人，此人除了脸皮比他厚之外，其他各方面都不如他。

在早先多次征战胜利中，有一次项羽生擒了刘邦，王位已经落入了项羽的掌心儿，谁知他竟然让他溜掉了。由于他害怕杀刘邦落下"不义"之名，不仅没有处死这位与自己争天下的敌人，反而赐封他汉王。可以说项羽的"面子"给刘邦提供了重整兵力，东山再起，征服项羽的机会。

表面上看来，项羽的宽恕也许似乎是一种高尚的举动。可是，真正的高尚之举应该驱使项羽一旦有机会，就致刘邦于死地。假如他这样做了，他自己就会一统天下。此外，项羽遭受惟一一次失败之后，正是觉得"无颜见江东父老"的面子，阻止了他返回故乡重整旗鼓，自刎身亡。

刘邦的三军统帅韩信形容项羽的弱点时说，他具有妇人之仁，匹夫之勇。战场上项羽毫不留情地杀人，坑杀数十万降兵，可是当他面对被自己打败的敌人的时候，却抛弃了自己的目标，竟然拉不下杀人的脸皮。

刘邦不具备项羽的造诣，但是他也未受到项羽任何自尊心的妨害。在他们发生冲突的年月里，刘邦一次又一次地败在项羽的手下，可是他从不为自己重返家乡征兵募马而感到耻辱。他的脸皮比项羽要厚得多。他可以干任何实现自己的雄心壮志所需要的事情，毫不顾忌给别人造成的损失。当项羽感到胜利在最后一场战斗中悄悄失去的时候，他下令将成为他阶下囚多年的刘邦的父亲押上来，绑在一锅烧得滚开的油锅前面。刘邦被喝令撤回自己所有的将士，否则他将眼睁睁地瞅着自己的父亲被油锅活活地煮死。刘邦扬鞭催马来到阵前，大声喊道："项将军，我们曾经是歃血为盟的把兄弟。我的父亲也是你的父亲。倘若你要煮我们的父亲，请给我留一杯肉汤。"

世上还有如此脸皮厚之人。

努力克服书呆子气

书呆子气一经形成就不那么容易改变，因为它已成为人的性格的重要组成部分。但也并非完全不可改变。

有些人常常带一种"书呆子气"。这是一种不成熟的表现，通常称为"书生气"，这种现象主要发生在读书人身上，主要有如下特征：

（1）处世不精明，不善于适应环境，不善交际，不懂人情世故。呆板木讷，说话做事多不合时宜，令人好气又好笑。不知不觉就得罪人。

（2）性格多半内向、孤僻，不好动，不合群。兴趣少但专注，注意力常集中一点而不能灵活转移，对所感兴趣的事常沉醉痴迷，对兴趣以外的事漠不关心。终日晕头晕脑，稀里糊涂，丢三落四。健忘，常常忘记自己要做什么，或四处找手里拿着的东西。

（3）看问题偏激，易走极端。有时把简单的问题复杂化，有时又把复杂的问题简单化。处理事情要么主观武断，要么优柔寡断。喜欢沉思、幻想，有时又易冲动。有时多心多疑、神经过敏，有时反应迟钝。思想行为古板，不合潮流。

（4）缺少组织能力、管理能力、决策能力，不会见机行事，随机应变。处理事情常出漏洞，遇上麻烦多采取退避态度。常自命清高，与世无争，又自以为是，固执己见。有夸大性自卑心理。喜欢引经据典，咬文嚼字。

（5）生活散漫拖拉随便，无条理，不善计划安排。不拘小节。不修边幅，常显得窝窝囊囊、缺少派头。但也有的恰恰相反，生活细节特别讲究、非常拘谨，严肃，不苟言笑，一本正经。

书呆子气是怎样形成的呢？有书呆子气的人几乎都是书呆子，都与读书有关系。但是，书呆子不是先天智力低下，不是神经系统发生了毛病。相反，他们的智商通常都较高，而且某些方面的知识比一般人要多，只是因为他们终日把自己的兴趣和自己的活动范围局限于书本上，不与人打交道，不问世事，远离复杂的社会生活，脱离社会实际，所以认识能力、思维能力便会形成一种刻板的固定的模式，一旦离开书本，面对复杂纷纭的大千世界就一筹莫展，给人留下一个迂腐的形象。

心理学知识告诉我们，人的心理正常发展，除了必要的书本知识外，更重要的是社会生活经验，是人与人之间的信息交流。长期独处，人的心理就得不到完善发展，就难以应付社会生活。

我们常可以在书呆子身上看到这样两种现象；有的少年老成，小小年纪就一副老先生的样子。有人认为就是成熟的表现，实际上这是心理发展不完善、有缺陷的表现。有的人老大不小，说话行事却显得很幼稚，带着童稚的天真，令人发笑，这也是心理发展不完善的表现。

不少人有书呆子气自己并不知道，只是常感到自己缺乏为人处世的经验，虽然给自己的生活带来不少困难，但并不在意。甚至有的人把书呆子气看作是清高，是读书人的修养，因而瞧不起那些精明圆滑的人，认为他们狡猾、虚伪、势利眼。有的人一身书呆子气，又不愿意承认，便利用这种消极的自我防卫心理机制，自我辩护，自我安慰，这是不利于克服书呆子气的。有的人一旦发觉周围的人都将他看作书呆子，便感到很自卑、丧气，夸大自身书呆子气的严重性和书呆子气对心理发展和个人事业前途的危害性，这就更影响自己克服书呆子气的信心，加重书呆子气。实际上，人们对书呆子的评价一般都是很宽容的，一般人都认为：书呆子往往都是老实可靠的人，他们有知识，因为一心做高深的学问，所以才不懂人情世故；书呆子多是清高雅静的道德君子，没有那种庸俗的市侩气，非市井小人可比；书呆子多半诚实、憨厚，不虚伪，不做作，不搞阴谋诡计，不背地里整人；埋头做学问，不问俗事，不争名夺利。所以如果你发觉自己是个书呆子，不要背上思想包袱、把它看成"不治之症"。当然，书呆子气毕竟是一种不正常的心理现象，如果认为书呆子气是文人的一种优良气质，应加以保留或发展，则只能强化这种不正常的心理。

书呆子气一经形成就不那么容易改变，因为它已成为人的性格的重要组成部分。但也并非完全不可改变。心理学家总结的下面的建议对改变书呆子气会有所帮助：

（1）解除消极的自我防卫机制。自我防卫机制是人为了保护心理免受创伤而形成的一种特殊心理功能，但它可起消极作用。一个人为了掩饰不符合社会价值标准、明显不合理的行为或不能达到个人追求目标时，往往在自己身上或周围环境中找一些理由来为自己辩护，把自己的行为说成是正当合理的。如把自己无能、不善为人处世说成是清高、不愿与俗人同流合污；明知自己一身书呆子气，硬说这是文人的特征，是道德高尚的表现，竭力诋毁精明人，以难得糊涂为自己开脱。这种自我防卫可以起到维护心理平衡的作用。

但从心理学的认识失调理论看，人们只有在体验着心理失衡的紧张痛苦时，才愿意改变自己的态度，达到新的心理平衡。如要想改掉书呆子气，必须充分认识到书呆子气的弊病，为克服它提供充分的理由，以造成心理和谐。所以首先应解除消极的自我防卫机制，尽量不为自己的书呆子气辩护。

（2）积极主动地进行人际交往。形成书呆子气的根本原因是埋头书本，不喜欢与人交往，缺少社会经验。又因为缺少社会经验，不能应付复杂的社会生活，便采取退缩回避的策略。不与人打交道。要打破这种恶性循环，必须强迫自己进行交际。多参加集体活动，感受集体活动的兴趣，培养活动兴趣，培养对客观事情的好奇心。通过与各种各样的人打交道，通过实践，了解人情世故，掌握处世艺术。应像规定自己每天的学习任务一样，规定自己每天的交往任务。同时，要正确估计自己的交际能力，估计过高易受挫折；估计过低，会使自己失掉交往的信心，都会影响自己的交往活动。

主动推销自我

如果不给自己一个锻炼的机会，即使有能力，也不会有施展
的舞台，只能被埋没住，这是十分令人惋惜的事情。

一个人不管有天大的本事，如果不为人知，不被人发现，就像地下尚
未被开采的煤，深深地埋在地下，永远也不会有出头之日，得到人们的承
认。在传统的观念里，人们只知道知识的培养，却不懂得自我表现，如今
在这个充满竞争的时代，如果不善于表现自我，就会被无情的竞争所淘
汰，无法获得成功。

在我上大学一年级的时候，刚开学老师对同学们不十分了解，选班干
部成了老师头痛的事情，他也不知道应选谁好。后来，他说："谁要认为
自己有能力当班干部，就主动来找我，我会给他施展的机会。"

那时，我就想谁会去主动跟老师说，多不好意思呀！即使有这个能
力，主动推销自己，也觉得脸红。可是出乎我的意料，我们班有个很不起
眼的女孩，平时一向默默无闻，却毛遂自荐，当上我们班的班长。刚开
始，我们大家都有点不服，像她这样一个内向、不苟言笑的女孩，能胜任
吗？我们都有看热闹的味道。

事实并不像我们想像的那样，她在管理方面确实有两下子，帮助老师
把班级管理得井井有条，得到老师和同学们的高度赞赏。那时我十分感
慨，如果她不主动推销自己，即使她再有能力，也不会有表现的机会。

刘邦最初没有重用韩信，这使韩信十分苦闷。他工作没有干劲，而且
还和一群人犯了法，依照法律，要处以砍头之刑。执刑那天，当韩信前面
的十几个人都被砍了头时，他忍不住心中的悲壮情感，面对监斩的人大声
呼喊："汉王不是要争夺天下吗？为什么要白白地杀掉英雄豪杰呢？"监斩
的人听到韩信的话猛然一惊，觉得奇怪，便仔细打量一番韩信，发现韩信

仪表堂堂，具有英雄人物的气概，于是将他释放。在交谈中，他发现韩信十分有才华，志大才高，便把他推荐给了刘邦，从此韩信受到刘邦的重用，他的军事天才也尽显发挥。

说到这里，也许有人会说："自我推销也得具备能力呀！"这个想法也正是大家十分关心的问题。其实，当自我推销的时候，也未见得就必须具备充足的能力，只要认为自己有这方面的潜力，就完全可以把自己推销出去。因为一个人的能力不是天生的，要不断地在实践中摸索、锻炼，能力才能得以很好的提高与发挥。如果不给自己一个锻炼的机会，即使有能力，也不会有施展的舞台，只能被埋没住，这是十分令人惋惜的事情。在生活中，有很多人抱怨没有机会，他们往往是坐等机会。如果没有机会，就认为自己是一个不幸的人，觉得这个世界不公平。这种想法大错特错，具备这种想法的人，都是那些消极的人，一个积极的人决不会慨叹命运的不佳，他们多数都会主动出击，为自己创造机会。只要你做一个有心人，一定能找到施展才华的机会。能力在人，尽善在天，如果有能力有才华，不施展出来，就等于是浪费，一个人的生命是有限的，如果在有生之年不发掘出来，会抱憾终生。

自我推销也是需要技巧的，正像推销产品一样，要有一个好的外装吸引人的注意力，从而顺利地把自己推销出去。所以要注意自己的仪表形象，社会心理学家曾做过这样一个实验：在对两组被试者分别加以修饰之后，使其中一组看起来风度翩翩，另一组则显得随便，并令其分别走路时违反交通规则。其结果是：第一组闯红灯时，尾随者占行人总数的14%，而第二组的追随者只占4%，这说明人的服饰、穿着具有很强的感召力。没有人会对一个蓬头垢面衣衫不整的人感兴趣，一定会让你讨厌。服装也并不一定要时髦赶潮流，最要紧的是大方得体、干净整洁、大众化。

敢于和强手过招

人生犹如一段"长跑"，跟住某一个人，把他当成你追赶并超越的目标！

想想田径场上的长跑比赛，我们就可以悟出一些做事的道理。比赛开始，众人齐发，难分先后，但到了中途，选手们都会跟上某位对手，然后在恰当的时机突然加速超越，然后再跟住另一位对手，再在恰当的时机超越他！一直冲至终点。

长跑，尤其是马拉松比赛，是一种体力与意志的比赛，而意志力尤其胜过体力，有人就因为意志力不足，体力本来还够时就退出了比赛；也有人本来领先，但却在不知不觉中慢了下来，被后面的选手赶上。跟住某位对手就是为了避免这种情形的发生，并且利用对手来激励自己：别慢了下来！也提醒自己：别冲得太快，以免力气过早耗尽！另外也有解除孤单的作用。你如果观察马拉松比赛，便可发现这种情形：先是形成一个个小集团，然后再分散成二人或三人的小组，过了中点后，才慢慢出现领先的个人！

其实，人生不就是一段"长跑"吗？既然如此，那何不学习一下长跑选手的做法，跟住某一个人，把他当成你追赶并超越的目标！

不过，你要找的"对手"应是有一定条件的，而不能胡乱去找。

你应以周围的同事或同学为目标，当然，你要找的目标一定要在所取得的成就或能力方面都比你强。换句话说，他要"跑"在你前面，但也不能跑得太远，因为太远了你不一定追得上，就算能追上，也要花很长的时间和很多的力气，这会让你跑得很辛苦，而且挫折太多。

"对手"找到之后，你要进行综合分析，看他的本事到底在哪里？他的成就是怎么得来的？平常他做事的方法，包括对他的人际关系的建立、个人能力的提高等，都要有所了解。研究之后你可以学习他的方法，也可以通过自己的方法下功夫，相信很快就会取得成效——慢慢地你就和他并驾齐驱，然后超越他！

等超越现在的"对手"后，你可以再跟住另一个"对手"，并且再超越他！如此不断，你一定能领先他人。即使拿不到冠军，也不至于被很多人甩下。

不过你得注意一个事实，在长跑里，跟住一个对手并不一定就可以超越他，可能你跟上了他，他发现后几大步就把你甩在后头了！做事也是如此，好不容易接近对手，他又把你抛在后面了。当你处于这种情形时一定不要灰心，因为这种事难免会碰到，碰到这种情形，如果能跟上去，当然是要跟上去，如果跟不上去，那实在是个人的条件问题，勉强跟上去，只会提早耗尽体力。那么这样不是白跟了吗？不！因为你"跟住"对手的决心和努力，已经让你在这"跟"的过程中激发出了潜能和热力，比无对手可跟的时候进步得更多、更快！而经过这一段"跟"的过程，你的意志受到了磨炼，也验证了自己的成绩和实力，这将是你一辈子受用的本钱！

当然也有可能你找到了对手，但就是一直跟不上去，甚至还被后面的人一个个超越过去，这实在令人难堪。碰到这种情形，还是要发挥比赛的精神，跑完比赛比名次更重要。人生也是如此，你努力的过程比结果更重要，只要自己真正尽力就行了。就怕半途退出，失去奋勇向前的意志，这才是人生最悲哀的一件事！

做最好的准备，做最坏的打算

不知你现在所处的状况如何，是忧患呢？还是安乐呢？忧患不足以让人畏惧，倒是安乐才是人生的大敌！

中国有一句老话是"生于忧患，死于安乐"，意思是说人们在比较困苦的环境中因为容易催发奋斗的力量，反而能更好地生存，而在相对安乐的环境中，因为没有生存的压力，就容易产生懈怠心理，反而会为自己带来危难。这一句话也可以这样理解：人们如果时刻都有忧患意识，在完成事情过程中不敢有丝毫的懈怠，那么便能达到成功的目的，如果安于享受，抱着今朝有酒今朝醉的态度去生活，那么就有可能真的会招来失败了。

对于成功与失败二者之间的关系而言，成功过后也许就是失败，而失败过后也会迎来成功。所以，人们要对二者能有一个正确的态度和观念，即使成功了，也不骄傲；相反，就是失败了，也不气馁。

　　不管将上面的那句话做何种解释，它的本质都是一样的，那就是人要有忧患的危机感。借用现代的流行语言来说，就是要有生存的危机意识。因为，你自认为自己的命好，但是运气并不一定就好，就是运气好，也不一定就能获得成功。

　　一个国家如果没有危机意识，这个国家迟早要灭亡；一个企业如果没有危机意识，迟早会垮掉关门；一个人如果没有危机意识，必会遭遇到不可预测的失败。

　　也许你会说，你命好运气又好，根本不必担心明天会如何，也不必担心有什么顺境与逆境之分，因为你自以为能够"逢凶化吉"。你如果真能够这样的话，那可真是令人难以想象，但问题的关键是，你真的能用命好运气好解决一切难题吗？

　　也许你会说未来是不可预测的，"是福不是祸，是祸躲不过"，既然如此，何妨一切都随缘，又为什么要有危机意识呢？

　　没错，未来是不可预测的，而人也不是时时走好运的，就是因为这样，我们才要有一种危机意识，在心理及实际行为上都要有所准备，好应付突如其来的变化。如果没有准备，不要谈应变，光是心理受到的打击就会让你手足无措。有危机意识，或许不能把问题彻底消灭，但却可以把损失降低，为自己留得退路。

　　伊索寓言里有一则这样的故事：有一只野猪在树干上磨它的牙齿，一只狐狸见到了，问他为什么不躺下来休息享乐，而且现在也没有看到猎人和猎狗。野猪回答道："等到猎人和猎狗出现时再来磨牙齿，一切已经来不及了。"

　　显然，这只野猪就是具有危机意识。

　　那么，一个人应该如何把危机意识落实到具体的日常生活中呢？这可以分成两个方面来谈。

　　首先，应该落实在心理上，也就是心理要随时有接受、应付突发事件的准备，这是一种心理建设。心理有所准备，在遇到挫折时便不会慌了手脚。

　　其次，要在生活中、工作上和人际关系方面有以下的认识和准备：人有旦夕祸福，如果有意外情况的发生，要想到以后的日子怎么过？要如何才能解决困难？世界上没有永久不变的事情，万一失手了怎么办？人心会变，万一最信赖的人，包括朋友、亲戚突然之间变心了，该如何办？万一自己的身体健康出了问题，又该如何办呢？

其实，你所想到的"万一"并不仅仅只是所列的这几方面，所有的事情你都要有"万一……怎么办"的危机意识，并且要做到未雨绸缪，预先做好充分的准备。尤其关乎前程与一家人生活的事业，更应该有危机意识，随时把"万一"握在手心里。只要心理有所准备了，你自然就不会太高枕无忧了。人最怕的就是过上安逸的日子，那样很容易让人变得毫无斗志。曾有这样一个人，整整10年都在过着平静无澜的生活，如今工作无进展，前进或后退都没选择，更让人痛心的是他已经不再年轻，可他又不情愿这样沦为被别人瞧不起的小角色。后来呢？他还是只能扮演一个不起眼的小角色。这正是"死于安乐"的最好例子。所以，不如从现在开始，就做最好的准备，以防担心的"万一"真的会如实地发生在我们的身边。

不知你现在所处的状况如何，是忧患呢？还是安乐呢？忧患不足以让人畏惧，倒是安乐才是人生的大敌！

拥有先发制人的能力

> 计谋贵在高人一等，策略贵在远人一着。能看到人们不能看到的，思虑人们不能思虑的，推算人们不能推算的，这才是远谋大略。

平常我们说，在工作中要"眼观六路，耳听八方"，意即要拓展眼界，广开言路，不要仅仅局限于鼻子尖上的一时一事。这其间的全方位中，又以向"前"看最为紧要，放开眼光，立足现在，预测未来，即先见之明。

先见之明者，就是眼光为别人所不及，就是睿智为别人所不及，就是冷静为别人所不及。

　　先见之明所以重要，是因为没有它就会犯错误。人无远虑，必有近忧。先见之明能帮助我们避开面临的危险。它基于对现实的准确判断。一个人有先见之明，他必定少走弯路。少走弯路，自然能够较快成功。

　　看得远，才能走得远；走得远，才能做得远。

　　毫无疑问，工作中需要具有内心的准备和先见之明的能力。对自己的工作和上司的工作能了解，经常能有先见之明，任何事情若能抢其先机，先发制人，才是成功的捷径。

　　在早上上班时，想搭车去上班，那真是太难了。每一部车都是满的，有时到站不停，车内人挤人，有时气都喘不过来。可是如果在上班时，提前十分或二十分钟搭车，情形又不同了；乘客很少，而且有空位，在车上还可以看看报纸，只十分或二十分钟之差，即有那么大的不同。可能是大家都不愿提前出门，宁愿忍受挤车之苦。

　　工作有时好像这种乘车的情形，任何时候都要抢先一步，明知制人于先机，就是成功的捷径，但就是无法力行，这或许就是人性的弱点。

　　你要有洞察先机、先发制人的能力。因为竞争是真刀真枪的决斗，只许赢，不许输。

　　听古代剑术名家的故事，常有"在刀尖三寸前躲过"的描写。对方挥刀砍过来，刀尖快触到自己身体的一霎那，闪身躲开了。

　　可是对方也是高手，来势犹如闪电一般，要躲开不是那么容易。等到对方砍过来才考虑如何躲闪，是来不及的，必须靠条件反射作用，本能地闪开才行。不过，这些要靠长期磨练才会有灵敏的直觉，在无意识中，对方的一举一动都要明白于心，不必等到对方开始行动才要想办法应付，不然在真刀真枪的世界是站不住脚的。

　　经营事业也可以这么说。无论什么时候，公司都在激烈竞争的漩涡中，为了不在竞争中落后，必须将对方的想法、动向摸得一清二楚。

　　"遇到这种情形的时候，这个公司一定会采取这样的对策，那个经营者的想法一定是这样……。"如能料事如神，才能够做到"我们公司应该用这个办法应付；他们那样我们就这样"，事先有心理准备，公司就有应变的措施。

　　如果待对方采取行动才来研究对策，在这个变化多端、竞争激烈的时代，是注定要落伍的。要事事抢先一步，制敌于先机。

把竞争当成真刀真枪的决斗也是必要的；真刀真枪地决斗，只许赢，不许输，输了胸袋就没有了。这个要求，虽然苛刻了一点，但是要做一个成功的经营者，就必须往这个目标努力。同时，也要在激烈的竞争中找出乐趣，好像玩蹦极的游戏，趣紧张、越刺激，就越乐趣无穷。

深事深谋，浅事浅谋，大事大谋，小事小谋，远事远谋，近事近谋，都必须具备深远高明的见识与策略。计谋贵在高人一等，策略贵在远人一着。能看到人们不能看到的，思虑人们不能思虑的，推算人们不能推算的，这才是远谋大略。

先知觉后知，先觉觉后觉。要想成功，就必须有先知先觉，有先见之明，这样才能使人永远追随在鞍前马后。什么事都能先人一手，先人一着，就能取胜。等他人赶到了，你又向前推进一步，与他拉开了距离，如此一来，你就永远处于领先地位，站在时代前头，引领时代潮流。

你想永远领先，就必须处处争先，永远争先。先人一手，先人一着，而又不停止在这一手，这一着上，即使他人奋起直追，却仍然保持着那段距离，你总是处于领先的地位。这样，不管面对什么工作，也都可以胸有成竹、游刃有余了。

第九章

生意人必备的性格特质

生意人性格之一：遇事沉得住气

　　不要为一时一地的得失所拘。要有一事当前沉得住气的大气，这种性格是一切成大事者所必需的。

　　人有时候容易沉不住气尤其是危机出现的时候容易沉不住气；事情太顺了，也容易沉不住气。比如前清时的王有龄，进京捐官成功，由于有何桂清的保荐，回到杭州很快就得到了海运局坐办的实缺，而在胡雪岩的全力帮助下，涉及王有龄自己以及整个杭州官场人物前途的漕米解运的麻烦，也一举圆满解决。这个时候又恰逢湖州知府出缺。湖州为有名的生丝产地，丰饶富庶，是一个令许多人垂涎的地方。王有龄由于漕米解运的事，已经在杭州得了能员之称，这使他一下子又得了湖州知府的肥差。不仅如此，他还同时得到了兼领浙江海运局坐办的许可。一切如意，他实在是太顺利了。

　　如此顺利，使王有龄自己都不相信自己的运气会如此之好，他对胡雪岩说："一年工夫不到，实在想不到有今日之下的局面。福者祸所倚，我心里反倒有些嘀咕了。"还是胡雪岩大气得多。他对王有龄说："千万要沉住气。今日之果，昨日之因，莫想过去，只看将来。今日之下如何，不要去管它，你只想着我今天做了些什么，该做些什么就是了。"

　　胡雪岩的这番话，不外乎是说人要不为宠辱得失所动，不要过多地去想自己面对的得失，而应该把眼光往远处看，更注重该做必做的事情。这番话虽然是具体针对王有龄的沉不住气说的，但却也说出了一番应对人事的大道理。人确实要有这种不为宠辱所动，不被得失所拘的大气。一时的得失荣辱虽不能都轻轻松松全看作过眼烟云，但比较而言，已就的荣辱得失无论如何比不上该做必做的事情重要。人总是要往前走的。只有做好当下该做必做的事情，才能往前走。再说，一时的荣辱得失，其所得所有，必有它该得该有的缘由。俗话说，没有无由的福祉，也没有无由的灾祸，所谓"今日之果，昨日之因"。即如王有龄的"运气"，其实也是他与胡雪岩的一系列努力"做"出来的。从这一角度看，也就没有必要去为这得或失去犯"嘀咕"了。

对于职场中人，特别是干事业的人来说，应该明白"今日之果，昨日之因"的道理，而不要为一时一地的得失所拘。要有一事当前沉得住气的大气，这种性格是一切成大事者所必需的。

胡雪岩就是一个很能沉得住气的人。阜康挤兑风潮波及杭州，在杭州主事的螺蛳太太本来是一个很有主见也很能干的人，但她也被突如其来的灾难"震"得不知所措了。就在这时，胡雪岩回到杭州。他来到钱庄的时候，正遇店里开饭，他居然还有一份"闲情逸致"去看伙计们的饭桌。见伙计们的饭桌上只有几个平常的菜，他居然还有心思嘱咐钱庄"大伙"谢云清，说是天气冷了，该用火锅了。他要谢云清把冬至以后才用火锅的规矩改一改，照外国人的办法，以气温的变化做标准，冬天寒暑表多少度吃火锅，夏天寒暑表多少度吃西瓜。虽然这种关心店员生活的情形以前也有，但在面临破产倒闭的关头还能如此沉得住气，连那些伙计们都感到十分惊异。

胡雪岩能够如此沉得住气，就在于他能够将得失心丢开的大气。他知道事业不是他一人创下的，出现现在的局面，当然也不是他一个人的过失，今日之果得自昨日之因，这个时候陷于得失之中不能自拔，不仅于事无补，甚至更加坏事。他告诉自己，不必怨任何人，甚至连自己都不必怨，只想现在该做什么，怎么做，这才是至关重要的。事实上，他由自己沉得住气而来的冷静，使他在危机来到时选择的处置手段，大体都还是有效的，比如他那使伙计们惊异的"看饭桌"，对于稳定军心就起到了很好的作用。只是客观情势已经不允许他能够起死回生，再好的手段也只能维持一时，而无法从根本上解决问题了。

生意人性格之二：遇事头脑镇定

容易头脑模糊的人，面临突发事件，或一遇到重大的压力，就要惊慌失措。这样的人是一个弱者，是不足付以重任的。

在任何环境、任何情形之下，保持一个清楚的头脑：在人家失掉镇静时保持着镇静；在旁人都在做愚蠢可笑的事时，仍保持一个正确的判断。能够这样做的人，总是具有相当的稳定力，是一种平衡而能自制的人。

容易头脑模糊的人，面临突发事件，或一遇到重大的压力，就要惊慌失措。这样的人是一个弱者，是不足付以重任的。

在别人束手无策时知道怎样想办法的人，在别人混乱时仍然镇静的人，在大责任搁在肩上、大压力加在身上不会慌张混乱的人，才会受到人们的欢迎，为人们所重视。

在各机关中，常常有这样一些人，其人在各方面的能力或许还不及别的职员，但反而会突然升上重要的位置。因为雇主的眼光，并不在意这个职员的"才华"，却注意着头脑清醒、理智健全、判断力正确的人。他最需要的是那种头脑清晰、实事求是，不但能空想，且能真正做事的人。他知道，他的业务之安全、机关之柱石，就系于那些有正确的判断力、有健全的理智的职员。

头脑清晰、精神平衡的人的特征，就是不因环境情形之变更而有所改变。金钱的损失、事业的失败、忧苦与艰难，都不足以破坏他的精神的平衡，因为他是有主见的。他也不会因小有成功、小有顺利而骄傲自满起来。

不管处在何种环境之下，有一件事是每个人都可以做到的，这就是脚踏实地，即使跌倒也可立刻站起来，而不致失去平衡。我们应该在别人都慌张忙乱的时候，仍能镇定如常、思虑周详。这能给予我们以很大的力量，并在社会上处于重要的地位，因为惟有头脑清楚的人，能在惊涛骇浪中平稳地驾驶船只的人，才是社会大众愿意付以重任、委以大事的人。动摇的人、犹豫的人、没有自信的人，临到难关就要倾跌、遇到灾害就要倒地的人，只是一个经不起风雨的人，像年幼胆小的姑娘一样，只能在风平浪静之日驾驶扁舟。

冰山在任何情形之下，都不失其恬静与平衡，真是我们的一个绝好榜样！不管狂风吹打得怎样厉害，不管巨浪冲击得怎样猛烈，它从不会动摇、从不会颠簸、从不会显出一丝受震荡的迹象，因为它的八分之七的巨大的体积，是没在水面之下。它的巨大的体积平稳地藏在海洋之中，非惊涛怒浪之势力所能及。这种水面下的巨大的隐藏力，这种伟大的"运动量"使得暴露在水面的一部分冰山，可以不畏任何风浪。

精神的平衡，往往代表着"力量"，因为精神的平衡是精神和谐的结果。片面发展的头脑，不管其在某一特殊方面是怎样的发达，永远不会是平衡的头脑。一棵树木，假若将其全部的汁液，仅仅输送给一条巨枝，而使其他部分枯萎至死，它绝不能成为一棵繁茂的大树。

理智健全、头脑清楚的人是不多见的。他们常常是"供不应求"。我们每每看到，连许多有本领的人，在多方面能力很强的人，也会做出种种不可解的、愚不可及的事情。他们的不健全的判断、不清楚的头脑，常常阻碍了他们的前程，像流过高低不平的区域中的江水，后波每为前浪打回，所以不得前进一样。

头脑不清晰、判断不健全，这种不良声誉，会使得别人不敢信任你，因此是大有害于你的前程。

假如你要得到他人"头脑清晰"的承认和赞许，你必须努力去做一个头脑清晰的人。大部分人做事，特别在做小事时，往往是敷衍了事。他们自己也知道，他们不曾竭尽全力，而所做出来的结果，也不可能尽善尽美，然而他们还是在用这种做法。这种行为，往往减损我们成为头脑清晰的人的可能性。

毛病就在我们大多数人，总是做出二等三等的判断，而不想努力去做出头等的判断。这一切都是因为前者省力、容易得多。

大多数的人都是天性怠惰的，总喜欢逃避不愉快的艰难的工作。我们不喜欢做那些妨碍我们的安舒、不合我们的情趣，却足以烦恼我们的事情。

假如你能常常强迫自己去做那些应该做的事，而且竭尽你的全力去做，不去听从你的怕事贪安的懒性，那么你的品格、你的判断力，必会大大增进。你自然会被人承认，称为头脑清晰、判断健全的人了。

生意人性格之三：做事从容不迫

　　不管在任何场合，如果能够保持从容不迫顺应自然的态度，
那么，任何事情都能应付自如。

　　任何一个在事业上成功的人，遇事都能保持轻松从容的心情。甚至在
碰到逆境的时候，他的脑筋也会保持沉着、冷静的状态，随时准备捕捉和
发掘新机会，以了解和对付新的问题。

　　高明商人那种心境轻松的情形，就像一个够格的橄榄球员一样。当球
员传球的时候，球意外地落到他的手中，他并不惊慌失措，他会紧抱着球
跑过去，或者警觉而放松地转个方向，以免对手扑过来。

　　有些刚开始做生意的人，就已具备这种轻松的内在能力，但是大多数
生意人，只有经过多次经验，才能养成这种习惯。

　　"随时都要把自己看成是一个在湖中翻了船的人！"一个资深的石油商
人在盖蒂事业刚开始的时候忠告盖蒂："如果你能保持镇静，你就可以游
到岸边，至少在浮凫时有人来救起你。假如你失去冷静，你就完蛋啦。"

　　当一个人刚开始创业的时候，真有点像突然沉溺在湖中央的人。如果
他保持镇静，他生存的机会就较大，否则他就很可能溺死。刚开始做生意
的人或年轻的职员，都应该把这警句牢记在心里，这样，就会养成心情轻
松的习惯，从而获得不少的帮助，也有办法应付任何情况。

　　不管在任何场合，如果能够保持从容不迫顺应自然的态度，那么，任
何事情都能应付自如。

　　一些伟大的人物都是一些"镇静"的高手，面对突然变故，仍然镇定
自若。因为他们懂得，不能慌，慌则无法思考应付的妙招。如果他们慌
了，那么周围的人更没有主见，那就慌作一团了。因此，他们大都大喝一
声："慌什么？"这一半是对别人说的，一半则是自我暗示。

　　如果你感到慌张，你的大脑就失去正常的思考能力，你就会丢三落

四，语无伦次。许多人掉了重要东西，或者说话说漏了嘴，就是因为心里有"鬼"，慌里慌张。这种时候，你要有意地放慢你的动作的节奏，越慢越好，并在心里说："不要慌！千万不要慌！"动作和语言的暗示会使你慢慢镇静。你的大脑就恢复正常的思考，以应付周围发生的事情。这一点对考试的学生尤其重要。

没有见过大场面的人，一到人多的场所，就会周身不自在。克服这种心理的方法是把所有的人都当作朋友，点点头，大声招呼，别人自然也会致意回报。虽然他可能永远也无法想起曾经在哪儿认识你，但是你却因此消除了紧张。

有机会你就主动当众讲讲话。自我考验，你就会养成从容不迫的习惯。

生意人性格之四：适时反省自己

> 无论做什么工作，做起来不顺利或失败了，一定都有它的原因。遇到阻碍的时候就立刻研究发生原因，是避免旧错重犯的必备条件。

自省即自我省悟，自我检查，自我解剖。自省是一面镜子，可以照出自身的缺陷和毛病。自省的过程，又是不断克服错误、更新提高自我的过程。"白日所为，夜来省己，是恶当惊，是善当喜"。"每事责己，则己德日进。以之处人，无往而不顺。"孔子曰："吾日三省吾身。"

每个经理人都应当经常结合自己的思想、工作和生活的实际，经常反省自己的言行是否符合社会整体利益和广大员工的要求，自知自明，勇于自我解剖，敢于揭露和坦承自己的短处，就能逐步锤炼出完美的人格。

无论做什么工作，做起来不顺利或失败了，一定都有它的原因。遇到阻碍的时候就立刻研究发生原因，是避免旧错重犯的必备条件。

人们在对事物进行归因时通常是按照以下模式进行的：①行为者倾向

于情境归因，观察者倾向于内部归因；②把积极的结果归因于自己，把消极的结果归因于情境。这时，就必须留意人性的弱点。一个人遭遇失败时，若要追究原因加以反省，不如为自己找个理由，辩护一番来得愉快。比方说："因为发生这种情况才没有成功，不关我的事""因为发生意外才失败，我也没有办法"等，为自己找借口、自我安慰的人很多。

然而在作战的时候，如果战事失败了，你解释说："因为那时刚好下了一阵雨才输了""太阳刚好射在脸上，我们睁不开眼睛，才会打败仗"等，这能成为理由吗？的确，这些原因都可能成为决定胜负的因素。但是，名将是不会讲这种话的。因为是名将，在开战前，就会先计划好：遇到下雨时该怎么办？过了正午太阳会照向这边，对我们不利，所以无论如何要在正午前决胜负。……这样才能每战必胜，更没有必要为自己找台阶下了。虽然说"胜负靠运气"，但看上面的例子，输的还是该输，赢的还是该赢的。

现在企业遇到空前的不景气，没有不饱尝艰苦的。可是企业一旦把业绩不振的原因，推说是"因为不景气"，而不知反省、检讨的话，那它离成功就愈来愈远了。不景气虽然不是自己造成的，可是在景气的时候，你有没有做"居安思危"的准备呢？如果有，那企业即便遇到不景气，业绩也不会恶化到不可收拾的地步。事实上，在这种不景气的情况下，保持业绩继续增长，获得辉煌成就的仍大有人在。

总而言之，把失败的原因统统归给他人，想办法找理由来自我安慰是人之常情。可是作为一名职业经理人，这是极不可取的。要想成为一名优秀的经理人，正是要突破这一心理瓶颈，勇敢、主动、客观地反省自身情绪、思维及能力，准确评估组织及客观世界，勇于打破旧的格局，创建新的发展要素。正如狄更斯所言，不论我们多么盲目和怀有多深的偏见，只要我们有勇气选择，我们就有彻底改变自己的力量。

联想是一个很善于自省的企业，无论在顺境还是逆境中，无论是柳传志，还是杨元庆都发表过很多非常清醒的、深刻的、真诚的自省之语，且屡有壮士断腕之举。当年，联想投资 FM365，赶上互联网低潮，刚刚损失1000 万，便及早抽身，这需要多大勇气？柳传志曾有句名言："踏上一步，踩实了，再踏上一步，再踩实，当确认脚下是坚实的黄土地以后，撒腿就跑!"这是说联想的谨慎,但对于联想勇于自省的勇气,其实也可以这么理解:"踏上一步,没踩实,再踏上一步,没踩实,当确认脚下不是坚实的黄土地以后,撒腿就跑!"

在1997年,美特斯邦威开发外部市场气势如虹的时候,内部人事问题却越来越大,最后管理层几乎全部出走,只剩周成建一个光杆司令,任何人面对左膀右臂的集体叛离,都会静下来痛定思痛。周成建也不例外,更何况他还是个很善于自省和反思的人。在经过那次差点令周成建和他的美特斯邦威崩溃的人事动荡后,周由当初"职业经理人不适合我的要求"的认识,逐渐转变为"我没有做好决策者或者老板的角色,来与职业经理人创造默契的合作方式"。

张朝阳是搜狐最大的主人,他持有在美国纳斯达克上市的 SOHU 股份的 28.13%,以及中国 ICP 牌照的北京搜狐 80% 的股份。他对自己的总结是"我是一个自省倾向比较严重的人,就是比较善于批评自己,就是不太把自己当回事,因为这样的原因,使得我不会故步自封,听不进别人的建议"。

通用电气新 CEO 伊梅尔特,总是面带微笑,因为他推崇"沟通为王"。但是,他的领导之道却是"擅长反省"。伊梅尔特认为:"领导力实质上是一种自我反省。在其中,你不断反省,不断重新认识自己,并将经历融入到你的领导风格之中。"

生意人性格之五:做事讲求顺序

> 人们习惯地按照事情的"缓急程度"决定行事的优先次序,
> 而不是首先衡量事情的"重要程度"。

一个生意人首先要知道的不是工作的细节,而是确定事情的大致方向与优先级。例如,应该先确认好哪些事项,才能开始进行后续的作业;哪些事情应该排在最后,以避免其他流程的变动而必须一再的重做;各项流程之间应如何协调与整合等等。

一个生意人每天要面对许多工作，它们有的互相牵连，有的互不相关；有的很重要，有的不太重要；有的急需处理，有的不太紧急。但哪一件事情都不能不做好。如何统筹安排好这些工作，是每一个管理者都不得不面对的问题。

在一系列以实现目标为依据的待办事项中，到底哪些事项应先着手处理？哪些事项应延后处理，甚至不予处理呢？

任何工作都有它自身的运作规律，企业运作与行政事务一样，都有其固定的做法。聪明的工作人员总是根据这些规律寻找出更有效的工作方法，然后设计一套适合自己习惯的操作程序，帮助自己驾轻就熟地开展工作。

譬如，上班规范。开门后先定格观察一下办公室内有无异样，如有异样，迅速锁门保护现场，等候同事相助。如无异样，则一路进去，左手拿什么，右手理什么。顺路顺手做进去，边做边想着另一些马上要做或刚发现要做的事的做法。就像纺织厂的挡车工那样迅速地眼观六路，耳听八方，眼明手快，干净利落。

再譬如，用足我们的大脑。用心记住一切相关事物和信息，养成记笔记与迅速分门别类办理事务的习惯，如起草文件、打电话、打印文件、接待客户等等。在我们的大脑中迅速做出准确反应，并和原先已定妥的事儿归类，迅速重排顺序，先干什么，接着干什么，最后干什么，条件反射似的马上成为一个新的行动计划。

没有顺序，很多希望都会落空。假定你正要买一幢房子，房地产代理商打电话过来说："房子的主人同意你出的价钱，看来这笔交易稳成。""太好了。"你说道。"是啊，这太好了。"对方回答到，然后电话就这样结束了。

好，如果事情到此为止，就什么事情也没有完成，也许房地产代理商正等待你做下一步决定，而你却认为他应该采取下一步行动，结果便是僵持。反之，如果你问他："下一步该怎么做？"或者他主动说："那么接下来我们应该这么做。"那么你们便可以理顺事件的先后顺序。

当然若真的是在买房子，或者处理其他重要的个人事情，你可能不会让这种情况发生，但像下面这样的会议想来大家都不会陌生：会议达成一致意见，每个人都一致认为问题需要得到解决，并且就下一步采取的措施也达成了统一的意见，然后大家一个接一个地离开了会议室。

但奇怪的是，结果什么事情都没有完成。什么事情都没有完成就是因为没有排列出事件的先后顺序，更糟糕的是由于没有人总结（最理想的是书面总结）会议所讨论出的结果，因此每个人都各自形成一套事件的先后顺序，这无疑使整个事件呈现出一种无序状态。

在《商业七宗罪》中，作者爱琳·夏皮罗谈到了使公司陷入困境的原因。第一条"致命的罪恶"就是很多公司设定了一个远大目标，然而却很少关心"如何"实现这一目标。这正是我们所讨论的：如果没有事件的先后顺序，什么事情都完不成。

此外，事件的先后顺序还是预测未来的最好方法。简而言之，事件的先后顺序就是我们的计划，或者说得更确切一点，合理的事件顺序是一个完美计划的基础。

有的时候，也可以找出适用同一顺序的所有事件，借鉴同一个顺序模式来做。人们很多时候是在重复做相同的事件。举个例子说，同样的事情可能会在公司的几个地方相继发生，而你或许也被牵涉其中。如果是这样，一旦发现了一个事件中的先后顺序，便可以把这个顺序应用到其他事件当中。

对于安排工作顺序这个问题，麦肯锡公司给出的答案是：应按事情的"重要程度"编排行事的优先次序。所谓"重要程度"，即指对实现目标的贡献大小。对实现目标越有贡献的事越是重要，它们越应获得优先处理；对实现目标越无意义的事情，越不重要，它们越应延后处理。简单地说，就是根据"我现在做的，是否使我更接近目标"的这一原则来判断事情的轻重缓急。

在麦肯锡，每个人都养成了"依据事情的重要程度来行事"的思维习惯和工作方法。在开始每一项工作之前，总是习惯于先弄清楚哪些是重要的事，哪些是次要的事，哪些是无足轻重的，而不管它们紧急与否。每一项工作都如此，每一大的工作都如此，甚至一年或更长时间的工作计划也是如此。

人们习惯地按照事情的"缓急程度"决定行事的优先次序，而不是首先衡量事情的"重要程度"。按照这种思维，他们经常把每日待处理的事区分为如下的三个层次：

——今天"必须"做的事（即最为紧迫的事）。

——今天"应该"做的事（即有点紧迫的事）。

——今天"可以"做的事（即最不紧迫的事）。

但遗憾的是，在多数情况下，愈是重要的事偏偏愈不紧迫。比如向上级提出改进营运方式的建议、长远目标的规划、甚至个人的身体检查等，往往因其不紧迫而被那些"必须"做的事（诸如不停的电话、需要马上完成的报表）无限期地延迟了。克服这一问题的法宝是：做要事，而不是做急事。这也是麦肯锡卓越工作方法的精髓之一。

运用这样的工作方法，常常使我们的工作变得相对简单，做起来得心应手。

生意人性格之六：少说多听

老天给我们两只耳朵一个嘴巴，本来就是让我们多听少说的。善于倾听才是成熟的人最基本的素质。

曾经有个小国的使者来到中国，进贡了三个一模一样的金人，瞧着金人金碧辉煌的模样，皇帝高兴坏了。可是这个小国的使者同时还出了一道题目：这三个金人哪个最有价值？

皇帝想了许多的办法，请来金匠进行检查，称重量，看做工，可都没能区别出来。怎么办？使者还等着回去汇报呢。泱泱大国，不会连这么个小问题都答不出吧？最后，有一位退位的老臣说他有办法。

皇帝将使者请到大殿，老臣胸有成竹地拿出三根稻草，分别插入三个金人的耳朵里。插入第一个金人的稻草从另一边耳朵出来了；第二个金人的稻草从嘴巴里直接掉出来了；第三个金人，稻草进去后掉进了肚子里，什么响动也没有。老臣说：第三个金人最有价值。使者默默无语，答案正确。

这个故事告诉我们：最有价值的人，不一定是最能说的人。正如一句谚语所说的："沉默是金，语言是银。"老天给我们两只耳朵一个嘴巴，本来就是让我们多听少说的。善于倾听才是成熟的人最基本的素质。

但许多人并不懂得这个道理。当别人说的话自己不同意时，往往不待别人说完，就想插嘴。实际上，这样做是不理智的，不但不能使别人放弃自己的主张，来迁就你的意见，而且还让别人觉得你非常没有礼貌。你想，别人正有一大堆的话急于说出来，你却插一嘴，这时他根本就不会注意你想表达的意思。所以，我们必须耐心听，并且鼓励他把意见完全说出来。

有一个故事可以使我们明白，应用这一方法究竟合算不合算。美国某汽车公司，需要采购车座上的绒垫，当时有三家商店分别派职员前去推销。其中两家商店所派的职员，都十分能言善辩。只有另外一家商店的职员，因为患病，讲不出话来。他到了汽车公司，沙哑着喉咙，很勉强地说："我实在发不出声来，我们店中的商品，我只能写给你们看。"那家汽车公司的主任，一见他这种情形，便对他说："你不必讲话了，你把商品拿出来，我们可以作出比较的！"于是他站在旁边默不作声。结果，其他两家商店所派的善于辞令的职员，都空着手回去了，他却做成了这笔买卖。全部订货的总价格竟高达160万美元之多。这笔庞大的生意，简直是他毕生所梦想不到的。这是个特殊的例子，固然不能与一般的事例相提并论，但是这个事例却形象地说明：不开口的效果反而会胜过多说话。

再比如，报纸上刊登了一家公司招聘员工的信息，有一个人前去应聘。他事先打听到这家公司的总经理一些过去的情形，一见面就对那位总经理说："我十分荣幸能在这里工作，我更愿意追随您左右努力工作！因为我知道在十几年前，这个办公室里只有一台打字机和一个职员，经过您的艰苦奋斗和努力经营，才能成就今天这样伟大的事业，这是多么令人敬佩的事啊！"

那位经理本来对去应聘的人，大都瞧不上眼，所以应聘的人虽然络绎不绝，结果都扫兴而归。可是他这么一说，正中那位经理的下怀，引起了他的很大兴趣，于是就向他大讲自己的奋斗历史。

那经理一谈起自己的成功史，就兴高采烈，眉飞色舞，那个人只是在旁边侧耳恭听，表示敬佩。谈了半晌，那经理也没有问他的学历、技能，就对坐在旁边的副经理说："我看这位小伙子很不错，我们就定下要他吧。"这个位置，就在他倾听了经理的成功史后，稳稳地拿到手了！正如俗语所说的："兵在精而不在多！"说话也是如此，不在说的多少，而在能说得恰如其分。

人们都喜欢诉说自己的长处和优点，所以与人交往时，如果对别人有所求，只要使对方多诉说他最得意的事就行。法国大哲学家洛士佛科说："与人谈话，如果自己说得比对方好，便会化友为敌；反之，如果让对方说得比自己好，那就可以化敌为友了！"这句话真是说得一针见血！如果对方总是夸自己的长处，并陶醉其中，觉得自己像个伟人，那么你就不妨多谦逊一下，表示卑小无能，这样自然容易获得对方的同情与好感。因为对一般人来说，大都有一种"嫉强怜弱"的心理。

谦虚不仅是一种美德，而且有时也可以获得实际的好处。美国文学家考勃因有一次与人打官司，对方律师知道他是一位史作家，准备大肆攻击一番，但他却特别谦逊地说："徒有虚名，毫无实学。"他这样一说，反而使对方律师不好意思再攻击他了！可见谦虚一点，总是有百利而无一害的！

一个人知道的知识再多，也毕竟是有限的；一个人即使活上一百岁，也仍然像朝露一样，百年以后，将会无人知晓。只要细细地想一下，你就会觉得自己实在没有多说自夸的必要。

记住吧！要想获得别人的赞同，就必须自己少开口，让人家说话！说话固然不是一件容易的事情，而听人家说话，更非易事。

司惠勃就是一个善于听人谈话的人，他经常专心致志地听人谈话，无论是一个工人还是一个百万富翁和他讲话，他总是洗耳恭听。美国的报业大王赫斯特也是一个善于听人讲话的人，当他和别人交谈而侧耳静听的时候，竟会像一个女子般娴静！美国著名的政治家海约翰不但善于演讲，并且也善于倾听。这几位名人都是因为善于倾听别人谈话，从而赢得了别人的尊重。

伍尔芙说："诚意的关注，最能打动别人的心！"所以，有许多人以为要"多讲少听",才是正当的方法,其实是错误的,切记言多必失。

生意人性格之七:管住自己的嘴

> 在生意场上如果彼此间的关系一般般,你却跟人家谈得很深,这就显示你自己没有知人之明。

提起"精工"手表,可以说无人不知、无人不晓。本田精工差不多独占了日本手表零配件的供应市场,但是"本田精工"的总经理本田秀即使在今天接受采访时,仍是小心翼翼,劈头就说:"千万别这么讲,干我们这一行,嘴巴守紧一点儿,比什么都重要。"

第二次世界大战后,日本手表业受到大规模经济不景气的冲击,尤其以下层手工业者集中地的长野县郭诹访一带,遭受的冲击最大。然而诹访一带的企业,却出乎意料的稳固,有人说这与诹访人的守口成性有关。诹访一地素有"东洋瑞士"之称,他们有从不轻易透露口风的习性,可以说就是这种气质所调教出来的。当地技术最进步、收益也最丰硕的"本田精工",就是最具备这种诹访气质的企业团体。

"不轻露口风"在商场上是极为重要的。本田秀曾斩钉截铁的说过以下一番话:"我们的工厂一向不给人看。一方面,只要是专家,看了马上就会知道其中的诀窍;另一方面,保密也是我们能提供给买主的一个销售特点。"因此,向"本田精工"采购零件的买主,都不必担心会在零件采购单上泄露了他们自己正在制造什么新产品的秘密。这就是本田秀做生意成功的诀窍——"不轻露口风"。

生意人在外面跟人谈生意,最忌讳的就是说话时嘴边没有把门的,什么都说。其实,中国古代就有"逢人只说三分话,未可全抛一片心"的教导。战国时期的著名思想家韩非子更是在《说难》一文中指出:"周泽未济,而语之极,如此者身危。"

很多人总觉得只要自己光明磊落,便凡事无不可对人言,但假如对方是个根本不可以言尽的小人时，你的三分话已经显得太多了。在生意场上如果彼此间的关系一般般，你却跟人家谈得很深，这就显示你自己没有知人之明。若是你的话题涉及对方本人，但他与你根本就不熟悉，你却硬跟别人说一些纯属私人的事情，就显得唐突冒昧。再说，如果谈话本身涉及商业机密，因为你一时的"畅所欲言"，便将自己的底牌一股脑地兜售给对方，岂不是太过愚蠢了吗？实际上，在生意场上，与一般的客户交谈，三分的话已经是太多了。

另外，任何人都有不愿让人知道的隐私，因此在谈话时千万不要追根问底、探听别人的隐秘，这是生意人最忌讳的事。虽说好奇心人皆有之，但此时最好还是将你的好奇心放一放。

生意人在与客户谈判时必须注意，即使是一个很好的话题，说时也要适可而止，不可拖延下去，否则会令人疲倦。说完一个话题之后，若不能逗引对方发言，而必须仍由你支持局面时，就要另找新鲜话题，如此才能把对方的兴趣维持下去。在谈话当中，对方的发言机会为你所操纵，你必须时常找机会诱导对方说话，如说到某一件事时可征求他对该事的看法，或在某种情形时请他讲述自己的经验等，务使对方不致呆听，才不失为一个善于说话的人。话题转了两三次，而对方仍无将发言机会接过去的意思，或没有作主动发言的表示时，你应该设法把这个谈话结束。即使你精神还好，也应让别人休息休息了。

因此，与生意伙伴交往应酬时，假如人家根本就没有谈兴，你一定要知趣地及时刹车。即使在所谈的三分话里，也要注意回避自己的商业机密，最好只谈一些风花雪月、天候气象及时事政治之类的一般性话题，虽然言之无物，却不妨谈得趣味横生、逗乐多多，既消磨了时间，又加深了感情，何乐而不为呢？

生意人性格之八：不轻易暴露感情

在和客户谈判时，绝对不能让对方了解自己的心理活动，即使你对这笔生意极其感兴趣，也不要轻易表现出来。

人虽然是感情动物，但身为老板，需要总管公司里的大小事务，在下属和员工面前，并不能将自己的喜怒哀乐完全给下属知道。因为，老板一会儿表现出欢天喜地，手舞足蹈，一会儿又像狮子般怒吼，或者眼角流出泪花儿，会给下属一个喜怒无常的感觉。

在和客户谈判时，绝对不能让对方了解自己的心理活动，即使你对这笔生意极其感兴趣，也不要轻易表现出来。因为做生意是相互的事，你越表现得感兴趣，越表现得迫不及待，对方为了赚取更大的利润，反而会"拿你一把儿"，有意抬高价格逼你就范。相反，如果你表现得平静如常，对方由于摸不准你的心思，他为了做成这笔生意，可能会一下子开出令双方都满意的条件，使生意很快做成。俗话说"欲速则不达"就是这个意思。

有位学过心理学的公关小姐，一天和同伴上街买东西时做了个非常有趣的试验：她的同伴径直走到一服装摊位前，指着一条裙子问价。并且表现得对这件衣服很感兴趣。货主报价 80 元，经过好一番艰苦的讨价还价，最后总算以 65 元买了下来。

半小时后，公关小姐也来到同一个摊位，但她没有老远就盯着那条裙子，而是故作漫不经心的样子慢慢走过去。她先问了一条短裤的价格，又看了一种长筒丝袜，最后才顺便问了一下："这条裙子多少钱卖？"摊主报价仍然是 80 元。她回道："50 元还差不多！"并做出一副要走的样子。"55 元，半卖半送怎么样？"摊主赶紧说道。"不，超过 50 元我不要！"结果公关小姐如愿以偿。

同样一条裙子，在几乎同一个时间内，价格竟然相差 15 元，原因就是公关小姐要了个小小的滑头，在短裤和袜子上虚晃一枪，使摊主搞不清她究竟想买什么，因此在后来裙子的讨价还价上占了上风。这就是巧妙隐藏自己情感所起的作用。

在生意场上，懂得隐藏自己的情感，对事业有百利而无一害。在男女生意人之间，男性较为懂得把自己的感情藏起来，而女性则相对较易让情绪露于人前。因为女性本身的体质远不及男性，其承受压力的量度也较为脆弱。如果在生意招标会上，给人问得哑口无言，眼睁睁地看着竞争对手抢走了到嘴边的生意，不吃不喝费尽巴拉赶出来的标书，竟然被当成"垃圾"扔在那里。此时，如果是位男性生意人，内心会极其愤愤不平，而要是换上一位女性生意人，那就可能会当场落泪。不要以为哭完就没事了，返回公司谁也不会知道，那就错了，你那红红的鼻子和浮肿的双眼，早已经告诉手下的员工生意没谈成，你的情绪不佳。

当众流泪的女强人是最糟糕的，因为你多年精心树立起来的、近乎英雄般的女中豪杰形象，彻底被破坏，日后你还怎么命令下属和员工做事情呢？

因此，生意人每次临阵之前，最好都要有一定的心理准备。如果一时心情不是太好，不妨让秘书把所有来电掐断，不接见任何人，自己一个人安安静静地靠在老板椅上小睡一会儿，或者取出耳机听听音乐，这样可以帮助你暂时忘记一些不愉快的事情。为了帮助生意人以最佳的情绪上阵，下面给所有生意人提供一套有效控制个人情绪的小处方，供你参考：

（1）要学会为自己四周的美好事物和自然的奇迹感到欢愉，不要对周围事物的指责和消极的念头捆住了你的手脚。乐观的人，即使对于鲜花含苞待放、雨后空气清新之类的小事也常常欣赏喜爱，从而始终保持愉快的心情。千万不要将周围环境中美中不足的小事情放在心头。

（2）要学会从过去不愉快的"情绪包袱"中解脱出来，不要总想着过去没有解决的问题和矛盾，整天一讲话便是从前的灾祸、现在的艰难和未来的倒霉。

（3）遇到问题要尽可能快地予以解决，以把所处环境中的消极因素降至最低程度，并且尽可能地从消极中找出积极的东西来。

（4）在与别人交往时，不论是自己有所收获还是对别人有所帮助，都要全情投入。对参与了的活动尽量多从好的方面加以评论，对别人的话要多从正面理解，不要总想着对方话背后的"涵义"。

（5）即使处于严峻的环境与灾祸之中，也要全力发掘出积极因素，鼓起勇气向前跨步，使情况有所改善。

（6）当你感到烦恼不快的时候，要有意识去扭转所处的局面。因为要过得顺心愉快，谁也靠不住，最终只能靠你自己。

（7）要学会用"情绪吸尘器"清除掉自己脑海里的烦恼念头和悲观情绪，在头脑里尽量多储存一些"好、妙极了、亲切、重要、喜欢、高兴、了不起"之类的词语。

三国时期的一代"奸雄"曹操，就是因为喜怒不形于色，从不轻易暴露自己的感情，而赢得天下。当然，生意人无需像曹操那样"奸"到极点，只要做到不为物喜，不为己悲，尽量控制自己的感情，不要使自己的情绪失控，也就足够了。

生意人性格之九：和"言"悦色

双方的需要和对需要的满足是谈判的共同基础，对于共同利益的追求是取得一致的巨大动力。

关于谈判之道，一位专家曾这样说："一个老谋深算的人应该对任何人都不说威胁之词，不发辱骂之言，因为二者都不能削弱敌手的力量。威胁会使他们更加谨慎，使谈判更艰难；辱骂会增加他们的怨恨，并使他们耿耿于怀想以言辞伤害你。"

谈判不同于决一胜负的棋赛。如果纯粹以一决雌雄的态度展开谈判，谈判者势必就要竭力压倒对方，以达到自己单方面期望的目标，即使善于巧言令色，也要冒一败涂地的风险。因为策动人们谈判的动力是"需要"，双方的需要和对需要的满足是谈判的共同基础，对于共同利益的追求是取得一致的巨大动力。因此，真正成功的谈判，每一方都是胜者。

一般说来，谈判可分为合作性谈判和竞争性谈判两大类型。不管是哪种类型的谈判都必须和"言"悦色。"烧热炉灶"，以创造融洽气氛，沟通谈判双方，建立相互信任的人际关系。常用的方法有：

1. 礼貌用语，以"和"为贵

有个美国人到曼哈顿出差，想在报摊上买份报纸，发现未带零钱，只好递过 10 元整钞对报贩说："找钱吧！"谁知报贩很不高兴地回答道："先生，我可不是在上下班时来替人找零钱的。"这时，守在马路对面的朋友想换种说话方式去碰碰运气。他过来对报贩说："先生，对不起，不知你是否愿意帮助我解决这个困难，我是外地来的，想买份这儿的报纸，但只有一张 10 元的钞票，该怎么办？"结果，报贩毫不犹豫地把一份报递给了他，并且友好地说："拿去吧，等有了零钱再给我。"后者的成功在于礼貌待人、和言暖心，满足了对方"获得尊重的需要"，终于取得了对方的合作。

在谈判中，即使受了对方不礼貌的过激言词的刺激，也应保持头脑冷静，尽量以柔和礼貌的语言表述自己的意见，不仅语调温和，而且遣词造句都应适合谈判场面的需要。尽量避免使用一些极端用语，诸如"行不行？不行就算了！""就这样定了，否则拉倒！"这些话会激怒对方，而把谈判引向破裂。

2. 改变人称，勿加评判

在谈判过程中，即使你的意见是正确的，也不要动辄对对手的行为和动机妄加评判，因为如果谈判失误，将会造成对立而难以合作。如发现对方对某项统计资料的计算方式不合理时，就贸然评论说："你对增长率的计算方式全都错了。"对方听了，显然一下子难以接受。如果将这句话改变人称并换一种表述方式，其效果就大相径庭了："我的统计结果和你的有所不同，我是这样计算的……"对方听后就不会产生反感了。

这种方法的诀窍是：将"你"换成"我"，将评判的口吻改成自我感受的口吻。在一般的场合又应注意尽量避免使用以"我"为中心的提示语，诸如"我认为……""依我看……""我的看法是……""我早就这么认为……"等，上述每一句开头的"我"都可改为礼貌用语"您"。

3. 多用肯定，婉言否决

首先，在谈判中不同意对方的观点时，不要直接选用"不"这个具有强烈对抗色彩的字眼。

即使对方态度粗暴，也应和颜悦色地用肯定的句型来表述否定的意思。比如，当对方情绪激动、措辞逆耳时，也不要指责说："你这样发火是没有道理的！"而应换之以肯定句说："我完全理解你的感情。"这样说既婉转地暗示"我并不赞成你这么做"，又使对方听了十分悦耳，对你的好感油然而生。

其次，当谈判陷入僵局时，也不要使用否定对方的任何字眼，而要不失风度地说："在目前情况下，我们最多也只能做到这一步了。"

再者，有时为了不冒犯对方，可适当运用"转折"技巧，即先予肯定、宽慰，再转折，委婉地否定并阐明自己的难处。如"是呀，但是……""我理解你的处境，但是……""我完全懂得你的意思，也完全赞成你的意见，但是……"这种貌似承诺，实则什么也没接受的语言表达方式，体现了"将心比心"这一古老的心理战术。它表示了对于对方的同情和理解，而赢得的却是"但是"以后所包含的内容。

生意人性格之十：不轻易说"是"

　　　　绝对不要认为让步是理所当然之事。掌握和灵活运用让步，适当时大胆地说声"NO"，才能使自己不至于在讨价还价过程中，惨遭失败。

虽然对于生意人来说，客户是你的"上帝"，而且一般情况下，对于"上帝"当然要顺从，但如果一味地顺从，也并非上策，有时委婉地对"上帝"说"不"也许更有助于生意成功。

资源有限，人欲无穷，是经济学的基本原则。做生意的人，时时刻刻仿佛处于四面楚歌、十面埋伏之中，不但每天要面对"资源有限"的困扰，如人手不够、资金欠缺、员工跳槽等，还要受"人欲无穷"的欺负，除了员工会无止境地要求加薪外，很多得寸进尺的"上帝"——客户也可能对生意人造成伤害。

面对客户的伤害，生意人大多都被那句"客户永远都是对的"所限制，而对客户的过分要求，予以应承。正所谓"人心不足蛇吞象"，在生意人谈判中，"客人"是绝对不会"客气"的，他们可以要求你把成交价降至最低、缩短交货时间、提供尽可能长的信贷，甚至还会额外要求送货、上保险、包运费、提高折损率等。总之，为求服务至上，"客人"会贪得无厌、得寸进尺地不断提出一个又一个新要求，对此生意人又哪里敢说半个"不"字呢？

对于他们来说，最好是不花钱拿到你的产品。所以，生意人如果在谈判桌上表现出怯懦，他们当然会提出一些永无止境的要求来。那么，当生意人让步的时候，客户又会有什么"善意"的回应呢？

通常情况下，为了拿到订单，做成这笔生意，生意人都会有一种让步的心理，并且也有适时停止让步的思想准备，但即使你真的"放血"，给对方一个跳楼价，客户仍然不会满意，觉得还不到火候，贪得无厌的心理会使他们继续提出更进一步的要求。这就产生了一个连锁反应，客户的要求会令生意人作出让步的举动，而生意人的让步又反过来刺激客户提出新的要求。对生意人来说，这是一种最不利的恶性循环。

当然，在做生意时偶然地一次半次吃亏，"赔钱赚吆喝"也不能说不对，可能还会由此而获得一个长期的客户，在日后来它个"堤外损失堤内补"，再把钱赚回来。但是长年累月地任由客户占便宜，你白白地给他"打工"，那也不划算。

其实，有时候生意是不用刻意去"抢"的，虽说市场竞争对手林立，但任何一个人都不可能完全吞下所有的订单。以大放血的方式抢来的生意，也只会使你受到伤害，而不会获得什么利润。接了这些由"肥肉渐变出来的烂骨头"，你会发觉犹如"鸡肋"一般，真是食之无味，弃之可惜。

所以，生意人在谈判中，绝对不要认为让步是理所当然之事。掌握和灵活运用让步，适当时大胆地说声"NO"，才能使自己不至于在讨价还价过程中，惨遭失败。

当然，生意人在谈判时也不是不能作出让步，而是不要轻易地让步。为了在谈判中占据主动，一定要事先准备好有关资料，并比较不同竞争对手的供货条件，可以使自己清楚自己的产品在市场上所处的地位和特长，以免客户一番"神侃"之后，提出极其无理的"杀天价"的要求。

因为人们的一般心理是"只有自己辛苦得来的，才是最珍贵的"，所以在重大问题上，生意人不宜太快让步，如果你让步太快，对方不用怎么费劲就达到要求，他是不会太珍惜的。反而只会更加贪得无厌地提高要求。若每次让步的同时都能相应地削减对方的一些利益，比如价格可以降低百分之五，但付款方式可以更优惠等，则会令你更稳定地发展。

如果那一个客户硬要你杀价，生意人不妨好好算算有多少利润和风险，若是本来的价钱就很高，利润很厚，即使减去 10% 也可以接受，那就不妨答应其要求，但一定要声明这是自己的最后让步。

若是本来就赚头不大，再降价之后恐怕连成本也收不回来，那就干脆终止谈判，并提前编好一些唬人的大话，如"我们的业务很大，多一个客户不多，少一个客户也没关系"之类的话，都可拿出来应用，反而有可能使对方打消讨价还价的念头。这或许正是所谓的"店大欺客"效应在作怪吧。通常情况下，大公司的交易，价钱订下来后很难更改，基本是一口价，买就买，不买就算，不用在条件上反复斟酌而浪费宝贵的时间。

在买卖中，最重要的一点是要在交货的同时，及时收到货款，绝对不要在赊账条件方面轻易作出让步。

现在各个公司之间纠缠不清的"三角债"已经够乱的了，千万不要加入新"三角债"大军的行列里去。在有的情况下，如果价钱已经很合理，甚至你已作出重大让步之后，对方仍然不肯及时付款，也可以放弃此笔生意，因为对方可能从开始就想"骗你没商量"，要东西不给钱。

如果对方在谈判成交后提出一些额外要求，比如要知道产品的成本和利润，或供应商的详细资料和地址，生意人当然不要轻易给予。在此情况下，除了要说一声"不"之外，还可以采取岔开话题，用"顾左右而言其他"的方式予以回避。得知你无法满足自己的要求时，他也可能会知难而退。

另外，在必要时，生意人不妨把自己的地位降格到打工仔，有关的决定需要回去请示经理，即可趁机打退堂鼓、鸣金收兵。对方刚才那个无理要求自然也就不了了之而告吹。

鲁迅在批评中国人的惰性时曾说过：如果有人提议在房子墙壁上开一个窗口的话，肯定会遭到众人的一致反对，窗口也不可能开成。但如果他提议把整个房顶扒掉，众人则会退让，同意开一个窗口。

其实，这种心理现象是人类普遍存在的，由于没有满足你的第一个要求而心感愧疚，所以当你降低条件重提要求时，他会很爽快地答应下来。

在生意人的谈判中，完全可以巧妙地利用这种心理内疚，达到劝说对方接受建议的目的。

在生意谈判中，如果双方在价格上争执不下，若此笔生意确实有钱可赚的话，生意人应该抱着"一尺不行，五寸也可以"的态度，不妨采取折中的办法，将双方的价格来他个"取中"，从而结束双方的争执。

胡乱地接受客户的定价，是犯了谈判中"反主为客"的大忌。所以，为求生意成功，生意人既要令对方的要求受到应有的尊重，又不要一味地惟客户马首是瞻，在双方持续争执不下的时候，"取中"不失为"双赢"的好办法。

谈判，乃生意人之大事也，成败之地，存亡之道，不可不察也。因此，生意人在商务谈判时，不懂说"不"，轻易地说"是"，乃谈判成功之大忌。

生意人性格之十一：不争与利益无关的事

要记住：不要在立场上争执，否则谁也不会取胜，更甭提获得利益了！

在精明的生意人看来，人们要执著于原则，凡是违背原则的事就不能干。谈生意时，同样也有人对立场比较执著，凡是有悖立场的事就不能接受。这个"立场"与生活中的原则相类似。但谈生意与生活截然不同：对那些在生活中坚持原则的人，我们应当投以尊敬的目光；然而在谈生意中，如果双方都对自己的立场偏执己见，双方的立场又截然不同。那么，谈生意可能就不会有什么结果，只能各行其道。

谈生意者在立场上发生争执时，自己也可能会陷入该立场中。你越澄清你的立场，别人越会反对该立场，你就越会紧抱该立场不放手；你越是设法让别人相信你，你就越难做到不改变。你的"自我"与你的立场慢慢就混为一体。你有了"保住面子"这项新利益，就比较难以达成一项协调双方原始利益的明智协议。

立场性争执会阻碍谈生意的进行。假如在谈生意中有这样一个关键性问题，买方每年在卖方工厂里进行多少次抽样检查？卖方最后同意每年进行 3 次检验；买方则坚持不能少于 10 次。就在这里——立场上——双方谈生意破裂。而对于一次"检验"是一个人在一天内进行，还是 100 个人在一个月内不受限制地进行这样的问题，双方却从未谈及。双方完全没有设计出一种检验程序，以便能在顾及双方不想被对方过度干涉的意愿下，把双方的需要加以调和。

在立场上投入的注意力越多，越不注意调和双方利益，也就越不可能达成协议，即使达成协议，也很可能只是机械式地破除双方在最后立场上的分歧，而不是精心拟出符合双方合法利益的解决方案。这样达成的协议不可能使双方都满意。谈生意双方要想在谈生意中获得各自的所需，讨价还价产生的争执不但是可能的，而且是必要的；但是切忌不要在立场上讨价还价，争执不休，否则只会使谈生意进入死胡同，谁也得不到利益！而谈生意双方如果在立场上争执不休，各不相让，只会导致低效率。因为，这样的谈生意不论结果如何，一定会耗用大量的时间。

在立场上讨价还价，往往会使谈生意陷入泥淖。因为在这种争执中，你会企图通过采取极端立场，执之不放，把它当作你真正的观点来欺骗对方。然后为了维持谈生意的进行，你会稍作让步，以期望达成对你有利的协议。这时对方也会采用这种策略。这其中每一种因素都会阻碍去探求达成协议的可能性。

一般的谈生意方法还需要个人做出许多决定，因为每位谈判者都需要决定出什么价钱，拒绝什么要求，以及做何种程度的让步。做决定是一种艰难而又费时的事情。由于某些决定不但是向对方让步，而且可能迫使自己做进一步的让步，谈生意者都不想太快做出让步表示。因此，扯后腿、以退出谈判做要挟、步步为营，以及其他各种伎俩诡计，也就屡见不鲜了。这些都会增加达成协议的时间和困难，甚至会使谈生意破裂。立场性争执，还会使谈生意双方的关系雪上加霜——双方本已是为各自利益斤斤计较的谈生意对手，争执起来就变成了不共戴天的敌人！双方本是为利益而来，现在却抛开了利益，一心一意在与利益毫不相干的立场上较劲。在旁人看来，这简直是笑话！

立场性争执很可能演变为意志力的较量。每位谈生意者都固执地弄清自己愿意的和不愿意的，这使得"彼此共同拟定一种可接受的解决方案"成为了一场拉锯战。每一方都想以不折不扣的意志力来改变对方立场。"我不会让步。如果你愿意跟我合作，就请接受我的要求"。当一方发现自己被对方坚强的意志折服，而自己的合法利益却被置之不理，愤懑的情绪就会因之而生。因此，立场性争执会使双方关系紧张，有时甚至导致双方断交。多年合作的公司会因此而分道扬镳；邻居会因此而视为路人。这种裂痕给人带来的痛苦，可能使人终生难忘。

因此，要记住：不要在立场上争执，否则谁也不会取胜，更甭提获得利益了！正确的做法是：忘记立场（或者别把立场看得太严重，好像神圣不可侵犯），各取所需。犹太人一贯就这么做。

第十章

人要驾驭性格，不要被性格操弄

争取应得利益，体现个人价值

活在自尊的世界中

适当的「孤独」有益于你的人生

不要怕做「孤家寡人」

性格内向没什么不好

疑心太重是性格缺陷

体现自信的十个小建议

性格敏感的人活着很痛苦

性格敏感的人活着很痛苦

> 人生在世，当以对得起自己为第一要义，问心无愧即可，事事都要让别人满意，不仅你做不到，任何人都无法做到。

生活中有很多这样的人，总觉得自己不论做什么事，说什么话，到什么地方，穿什么衣服，梳什么发式，和什么人交往，总有人注意自己，老觉得自己总是成为他人注意的焦点，议论的中心，咬耳朵的话题。这类人总是有意无意地幻想着，有人在时刻批评他的行动，分析他的行为，研究他的衣着打扮，对他评头论足，他总以为有人在吹毛求疵地为难他。这种心理状态及情绪，就是所谓的敏感，也被称之为神经过敏。

神经过敏的人也很容易对外界的一切做出过度敏锐的反应，他的神经末梢非常灵敏，就像含羞草一样，稍经外物的刺激，便立刻会将叶子卷起来。对于敏感的人，要十分留心、谨慎交往，才不至于触犯他们。些微不恭的言行，都会立刻刺伤他脆弱的自尊心，而他如果受到稍微的刺激，要比其他人感受大耻辱更为反应灵敏和强烈。

一位年轻女子，从小生长在富裕的大家庭，后来父亲中途去世，家道败落，这位女子不得不工作以养活自己与年迈的母亲。昔日娇生惯养衣来伸手饭来张口的娇小姐，今天却要做一个低等的速记员来谋生；昔日高傲自大，今天却清高不再，性格愈发神经过敏。她家败之后衣衫褴褛，每当与衣着入时的女同事在一起时，总以为这些俗气的女同事在嘲笑她的衣着，轻视她的存在，这位年轻女子为此局促不安，内心无比痛苦。虽然女同事并没有明说，可她们的脸上不是明明白白地写着嘛！一天，一个楞头青的男同事，问她为什么不去买几套流行的套装，这位女子再也忍不住了，她如针刺般痛苦，情不自禁地哭了。此后，她的神经过敏愈发严重，她觉得再也不能忍受这种痛苦了，于是她买了一瓶安眠药，结束了她年轻的生命。真让人扼腕叹息。

分析人之所以神经过敏的原因，很重要的一个因素在于缺乏自信，而这种缺乏自信通常都是客观外界原因造成的，尤其是那种突如其来的巨变更容易导致一个人过于敏感。《红楼梦》中的林黛玉就属于这种情况，由于黛玉的母亲、父亲先后过逝，于是她只好呆在贾府里，这个无依无靠弱女子寄人篱下在贾府这个污七八糟的大家庭中，日益变得多愁善感，"一年三百六十日，风刀霜剑严相逼"，"依今葬花人笑痴，他年葬侬知是谁"，她的这种敏感多疑使她见花落泪，随随便便的一句闲话她都以为别人是在中伤她，她的这种过度敏感也使她难以经受大观园里的风风雨雨，她"焚稿绝情"，吐血而亡，与其说是死在"风刀霜剑"之下，还不如说是死在她自己过度敏感的性情上。

另外导致这种缺乏自信的原因多为从小家境贫寒、地位卑下。俗语云：人穷志短。这个也包括一个人的心志，就像一个穷人生怕别人嫌他穷而看不起他，敏感的他力图要掩盖自己的贫穷状况，所以富人即使穿得破破烂烂也没人敢看扁他，可穷人出门却总是衣冠楚楚，无非是他的敏感在做怪。

事实上，当敏感者以为别人都在对他评头论足时，并没有人在注意他，人人都有自己从事的工作，可以说生活中仅有极少数的人围在那儿喜欢非议别人的长短；大多数的人，虽然表面上喜看热闹，脾气粗暴，行为粗鲁，但内心基本上都是善良的，对于周围的人，大多乐意援助，并非存心为难阻挠。所以大多数的神经过敏正如佛教用语"境由心生"，都是虚弱、纤柔、缺乏自信的内心所一厢情愿地想出来的，也就是说敏感者的病根在于自己。

虽然敏感并不会像怀疑自己、自卑、忧虑等性格那样造成负面影响，但毕竟还是影响一个人人生的完美，其负面影响在于会使一个人整日处于惴惴不安的情绪之中，经常顾忌别人怎么想，这样很难让人放松，活得自在。就像那个家道败落的年轻女子整天生活在痛苦之中，不能自拔，《红楼梦》中的林黛玉也是整天以泪洗面，也只好以使小性子来发泄自己的痛苦不满。另外，敏感的性格会阻碍一个人在事业上的成功。往往敏感的人对痛苦的承受力较差，他敏感的个性使他不敢、不能、不会大声说话，大胆做事，成为公众的核心，故而他在各个领域都比较难成功。最后，敏感的个性容易导致一个人悲剧的结局。本文所举的富家小姐和林黛玉就是典型的例子。

如果一个人确实有神经过敏的毛病，不妨通过以下途径来克服这个弱点：

改变自己的周围环境。从那种敏感的氛围中走出来。人不可能生活在自己的过去中，现实才是最最重要的，将昔日的那些都勇敢地忘记，脚踏实际地面对自己的新生活，调整自己，使角色转变早点实现。

调整心态，别老认为自己是人们关注的中心。有好多人很怕别人在背后说自己的闲话，看见三三俩俩的人在那儿指指划划，便不由得认为自己是别人谈话的资材。其实，人们谈的东西很广泛，即便是在那儿非议你，又能伤害你几根毫毛呢？你完全可以不在乎，权且以为在那儿谈的是某电影明星的秩闻趣事，如果整天竖起耳朵倾听是不是人在议论你，不仅自己会神经紧张兮兮，别人也会厌烦了你。

最好别活在他人的眼睛里。人生在世，当以对得起自己为第一要义，问心无愧即可，事事都要让别人满意，不仅你做不到，任何人都无法做到。敏感的人最好给自己订一些容易遵守的基本原则；诸如别问别人对你感觉如何、别关心他人议论你的衣着打扮，有什么问题最好自己想办法解决，别总是依赖别人，别看别人的眼色行事，只要不违背自己的原则和社会的大原则，别人高不高兴关你什么事！美国首富比尔·盖茨如果在乎别人，活在他人的非议中，那恐怕他早都发疯了！

敏感的人可以多多进行社交活动。社会就是一座广大的学堂。也许刚开始时你担心，面红耳赤，说话紧张，老以为别人在笑话你，你几乎忍不住了；继之你碰的钉子多了，看的白眼、势利眼、有色眼多了，也许你就泰然处之，或许内心深处仍有一丝痛苦；最后，你经的风浪多了，看惯了人世的沧海桑田、世态炎凉、悲欢离合、人情冷落，你就会不再神经过敏，你会像一个老手一样生活在这个世界上，游刃有余。历史上但凡成功的人向来没有神经过敏的习惯，战国时纵横家的著名代表张仪，年轻时也曾浪荡过，被一伙混混给打了，张仪被众人及妻子笑话，可张仪却泰然自若地说，"视吾舌尚完好否？"只要他的舌头完好无缺，那他就可以去做说客策士，就可以纵横天下，翻手为云覆手为雨，要是敏感之人恐怕早自杀了吧?!

体现自信的十个小建议

自信是需要在每时每刻的生活中训练出来的，如果熟练的专业技能和得体的妆扮，仍然无法带给你足够的自信，那就需要更多的自我表现。

以下有几个小技巧，可以多加练习，直到自信流露在你的举手投足之间为止。通常失败感和沮丧感是由于受到打击或害怕承担风险所导致的，而人性中普遍存在着冒险的"动力"本能，在正确发挥作用时，它能驱使我们信赖自己，并利用机会发挥我们自己的创造潜力。在我们有信心有勇气地行动时它才有机会发挥出来，因此，那些拒绝创造性地生活，拒绝勇敢地行动，而使这种自然本能遭受挫折的人，过去曾是那些赌博成性、整天沉溺在牌桌上的人。有的人不能坦率面对自己的弱点，所以一个不愿意亲自试一试的人只好拿别的东西当赌注。一个不愿意勇敢地行动的人则往往靠酒杯来壮胆。此时要唤醒你那内心的信心和勇气是人的自然本能。记住，当你认同自己的专业能力、聪明智慧时，别人也会以同样的态度对待你。具体方法是：

1. **想像自己是完美的化身**

这是许多名模、影星在表演之前惯用的方法。同样适用于工作职场，面对大客户或提案，先静坐，从心中默想曾有的愉悦感觉，比如曾经聆听的悠扬乐章，愈具体效果愈好。

2. **以拥有者的态度走入每间屋子**

走路的姿态常不自觉地泄露你的秘密，昂首阔步，抬头挺胸，仿佛一切都在你的掌握中。想像你拥有这个空间，当你举步时，回想过去曾有自信满满的感觉。

3. **仿效偶像**

学习你所仰慕的人具有的美好特质，可以是影星张曼玉或钟楚红，也可以是政治家或外交家撒切尔夫人，只要她具备你所希望拥有的特质，均可模仿。

4. 练习大胆表现自我

把自信心视为肌肉，需要定时持之以恒地锻炼，如果稍有懈怠，它很快会松弛。和不期而遇的人进行一对一交谈，是很好的开始，从和水电工、超市收银员接触开始吧！

5. 以得体的妆扮来加深留给他人的印象

选择适合气质的服装、发型、化妆，甚至香味，展现完美精确的专业形象，特别在颜色上多注意，不同的色彩有不同的语言，可以善加运用，深色系代表权威信赖；亮色则引人注目；暖色系则传达温柔且易于亲近的讯息，如果你想增加自信与亲和力不妨选择深色服装，搭配浅色丝巾或围巾等。切忌穿着过于暴露或大胆的服装，例如，紧身短裙或 V 领低胸上衣，不仅容易让人想入非非，也会使你因怕穿帮而分心。

6. 向你的焦虑妥协

掌握害怕的根源。害怕时会有生理反应，是冒冷汗或呼吸急促？当你知道所有可能会有的征兆，就可以透过一些放松的小技巧克服它。

7. 说话时语气要坚定

大部分女人都有说话过于急促、细声细气的毛病。说话的诀窍在于音量适当、语调平稳，速度不缓不急，此举显示你对说话的内容信心十足，利用呼吸换气时断句，可以避免许多不必要的嗯啊等语病，内容显得流畅有条理。切忌以疑问句结束陈述事实的语句，以免影响语气的坚定。

8. 以恰当的态度接受恭维

大部分女性都有所谓女性自我贬抑倾向，总是习惯性地将别人的赞美向外推拒，如此一来，很容易将自己由主动参与转换成被动接受者，这是很不明智的。下次当有人恭维时，记得以谢谢来代替“你太客气了”或“那其实很简单”这类的客套语，太谦虚也会有损你的自信。

9. 要准备犯几个小错误

为了得到你想要的东西，有时可能要稍微受一些痛苦。但不要自轻自贱。如果有把握之后再去行动，就什么事情也干不成，你在行动时随时都可能犯错误，你所作的决定也难免失误。但是我们绝不能因此而放弃我们追求的目标。你每天都必须有勇气承担犯错误的风险、失败的风险和受屈辱的风险。走错一步总比在一生中'原地不动'要好一些。你一向前走就可以矫正前进的方向；大部分人不知道他们实际上有多勇敢。事实上，很多潜在的男女英雄一生都是在对自我的不信任中度过的。如果他们知道自己潜在的能量，那将有助于他们产生解决问题甚至克服巨大危机的自信心。记住你有这种能量，但若不付诸行动、不给它们释放出来为你服务的机会，永远不会发现这些能量。

10. 另一项有益的建议是，处理"小事情"也要鼓足勇气、采取大胆的行动。

不要等到出现重大危机时再去当大英雄。日常生活也需要勇气——在小事情上锻炼勇气，才能培养出在更重大的场合勇敢地行动的力量和才能。

疑心太重是性格缺陷

多想别人好处，多些仁爱宽容，多和外界交往。遇事看得开，少钻牛角尖。"胸襟要特别宽阔，眼界要特别宽阔"。

无端猜疑，于事无补；疑心太重，害己殃人。

有这样一则故事："宋有富人，天雨墙坏。其子曰：'不筑，必将有盗。'其邻人之父亦云。暮而果大亡其财，其家甚智其子，而疑邻人之父。"这就是众所周知的"智子疑邻"的故事。由此看出，猜疑使友善被曲解为恶意，好心被认为歹心，扭曲了事情的本来面目。

猜疑，就是无中生有地起疑心，对人对事不放心，小心过甚。有了猜疑之心，对待朋友，看待事物，就不能从客观实际出发，进行合乎逻辑的判断、推理，而是凭借一点表面现象，主观臆断，随意夸大，进而扭曲事物，得出一个不切实际的结论，或者先入为主，先设框框，然后察言观色，甚至无中生有，把幻觉当真，把一些毫无关系的现象也当做事实材料，生拉硬拽来当作证据。

猜疑使人际交往中本来小小的疙瘩发展成长期的不和。自古以来不知有多少人因为猜疑疏远了朋友，中断了友谊，甚至断送江山。猜疑实在是害己又殃人。

猜疑使人失去公正的态度。正像上面引用的"智子疑邻"的故事，同样是忠诚的劝告，富人对儿子称赞，因为亲近，忠告便显得聪明；对邻人之父非亲非故，结果"信而被疑，忠而被谤"，显然失去了公正的态度。

猜疑危及国家安全。历史上，君臣相互猜疑则天下就会动乱。因而贤明的君主和精明的大臣，都把猜疑视为相处的一大祸害加以避免。

三国时期的诸葛亮，一向被认为是一个精明能干且能选贤任能的人，但他也有一定偏颇之处，就是过于明察，反生疑人之心，对人不信任，大事小事无不亲自过问，出将入相，茕茕孑立。诸葛亮对受降之将魏延始终用而不信，怀疑他有反叛之心，致使军事上失去"股肱"之助。诸葛亮死之后，又发生魏延的冤案，蜀汉元气大伤，造成"蜀中无大将，廖化作先锋"的不利局面。

猜疑又是自己折磨自己。杯弓蛇影的典故就是很好的例证。弓影投映在盛酒的杯中，好像小蛇在游动，饮者以为真的把"蛇"吞下去了，越想越恶心，结果害得自己重病一场。这才是天下本无事，庸人自疑之，疑心太重，到头来自讨苦吃。

对别人无端地猜疑，貌似无端，实在有端，猜疑源于褊狭的私心。"以小人之心，度君子之腹"，疑心太重的人，总怕别人争夺自己的所爱、所求、所得，怕别人损害自己的利益，终日疑神疑鬼，顾虑重重，你对别人不放心，别人能对你坚信不疑吗？虽说防人之心不可无，但是时时提防、处处疑心，还会有知心朋友吗？

"疑人偷斧"的故事大概是妇孺皆知。那位丢斧子的人，在没有弄清事实真相之前，总是怀疑别人偷了他的斧子，且怎么看怎么像，连吃饭走路说话办事都像个小偷儿。当他找到斧子之后，才知道自己怀疑错了。"世间本无事，庸人自相扰"，病根就在自己多疑。

其实，在生活中，大家恐怕也遇见过类似的情况：你走进办公室，大家议论的话题突然中止；你爱人陪你去瞧病，大夫和他（她）单独说了几句话，可回来后你却发现他（她）什么也不对你说；你的上级忽然三天没训斥你了……碰到这些事情，你心里是不是开始犯嘀咕？是不是觉得别人有什么事情瞒着自己？

如果你不否认有这种可能，你有没有想过，这更可能只是你的多疑？

每个人都有多疑的时候，疑心是人在社会生活中保护自己和预防性保护自己的正常心理活动，但疑心的程度却有轻重，过于疑心和过于敏感却是不正常的现象了。

敏感多疑，通常不只是对外界事物，也包括对自身状态的猜疑和忧虑。有些人性格内向，生性不开朗、不豁达，什么事情都斤斤计较，造成性格不完善和缺陷，我们虽然不能认为这就是精神症状，但大多数精神疾病的发病却和性格缺陷有着千丝万缕的联系，可以说，大部分精神疾病患者中，疑心过重都是主要的表现。

他们常常把周围环境中跟自己毫无关系的事物牵扯到自己的身上，像看到别人吐痰，就认为是在瞧不起自己；听到他人在交谈中说到自己的姓，就认定是在谈论，甚至讥讽谩骂自己。

虽然疑心过重并不等于精神疾病，但却有引发精神疾病的可能，其危害之大由此可见。当然，适度的戒备自然对保护自己有益，但疑心过重，对别人的任何举措都当做是对自己的居心不良，必然是毫无益处。

多疑源于心理不健康。多疑的人心胸狭隘，斤斤计较，患得患失。与人相处，眼里坏人总比好人多，所以朋友很少，更无至交。多疑的人思想飘忽不定，心无主见，容易受人挑唆，无中生有，怀疑一切。由于心理不健康，往往生出许多事端，自己给自己制造麻烦，事后又常常后悔不迭。我国古代名医华佗留有一句名言："多疑也是病。"多疑是一种心理疾病，是身心健康的"隐性杀手"。

摒弃多疑，首先要加强思想修养，使自己心胸开阔。应多些平和淡泊，多想别人好处，多些仁爱宽容，多和外界交往。遇事看得开，少钻牛角尖。"胸襟要特别宽阔，眼界要特别宽阔"。

摒弃多疑，自己要善于给自己"开天窗"，增加心理的"透明度"。对自己一时纠缠不清，剪不断理还乱的事情，不管是外边的，还是家里的，遇有疑虑别闷在心里，应及时向家里人和有关人敞开心扉，多沟通，多倾诉，将心中的疑惑大胆暴露，及时化解。这样不仅减轻了自己的心理负担，和邻里家人的关系也会越来越亲近，自然就离多疑越来越远。

多疑的病根在自己，只有不断地战胜自我，才能消除心理多疑。战胜自己的狭隘，就会心怀坦荡开朗；战胜自己的偏激，就会理智处事；战胜自己的浅陋，就会多一些宽容；战胜自己的孤僻，就会多一些友谊。就是对待疾病，也要首先战胜自己讳疾忌医的恐惧心理，才能正视疾病、战胜疾病……这样不断战胜自我，才会迎来美好、和谐、舒畅、顺达的人生。

性格内向没什么不好

在不同环境条件下的不同性格，都有其自身的优势，我们很难评断什么是优或劣，或什么有用或无用。

往往有一些朋友，一提起性格"内向"的人就会皱眉头。而许多性格内向的人，也常常为此而苦恼，认为自己缺乏适应环境的能力，惟恐自己会被环境所淘汰。

诚然，在某些情况下，例如，应征工作、拓展业务、开展公共关系工作等，是需要一些性格"外向"的人。但这并非指每一个人都必须如此才可以表现才能，才可以对群体对社会有益。可以这样讲，在群体中为了实现优势互补，往往还尤其需要性格内向的人呢！

《庄子》中有这么一则故事：

从前一位名叫纪渻子的斗鸡师，对调教斗鸡很有心得，是个斗鸡名人。有一次，周宣王派人送来一只鸡，希望这位名人好好调教。

十天过去了，宣王已无法再等待，就问纪渻子："已经可以用了吗？"纪渻子恭敬地答道："还不可以，因为它过度虚张声势，只会逞强。"又过了十天，宣王又来询问。纪渻子道："还不行，它对其他鸡的声音和影子会突然摆起架势。"又过了十天，宣王再来催促，纪渻子道："还是不行，它一接近其他的鸡，就精神抖擞，使劲地瞪眼。"

之后又过了十天，宣王又来催促，纪渻子回答道："现在可以了，即使听到其他鸡的叫声，它也不会表示任何反应，从远处看，简直就像一只木头做的鸡，完全集德于一身，其他的鸡只要看一眼就会逃走，没有一只鸡胆敢面对它。"

现在，人们多把"呆若木鸡"用来比喻头脑不灵光或因恐惧、惊讶而发愣的人，多视为贬意。但我们若从这则寓意深刻的故事来看，其实不然。按纪渻子训鸡的意图看，正是要使这只鸡达到"呆若木鸡"的"无我无敌"之最高境界。或许在日常商务活动中，您或他都曾有过这样的体会，当谈判桌的对面坐着一位"知无不言，言无不尽"的对手时，我们并不会感觉到心理上有多大压力及对己方构成多大的威胁。但当面对的是一位沉默寡言性格内向的对手时，我们自己也会变得格外小心，因为我们较难判断对方的真实想法，"惟恐被抓住马脚"。因此，在商务交往中，这种理智的"木鸡"往往会显示出他类无法替代的优势。

接着，我们再来看一位美国总统在竞选时刻竟由"外向"到"内向"的调整，您就会更进一步地认识到，在不同环境条件下的不同性格，都有其自身的优势，我们很难评断什么是优或劣，或什么有用或无用。

在1960年美国总统的选举中，尼克松和肯尼迪是两位竞争激烈的对手，尼克松以现任副总统之职，在开始时占有强大的优势，但选举的结果却是肯尼迪获得胜利。据说尼克松的败北是由于他在四次辩论会上的方法错误，肯尼迪的辩论重点完全针对所有的"美国人"和美国的"未来"，给听众一种鲜明的内省印象；而尼克松的辩论则是攻击性的，只能给人留下不安定的阴影。这两种印象的不同，分出了这次总统大选的胜负。

1968年，尼克松再次出马竞选美国总统，他汲取上次失败的教训，为了彻底改变形象，所采取的对策之一就是"内向"战略。

这次选举对尼克松来说，情势远比上次更艰难。首先，他必须在总统选举之前，打败洛克斐勒等强劲的对手，赢得共和党的提名。所以，尼克松在迈阿密的共和党大会中，尽量保持沉默稳重，表示对自己很有信心，意在给其他党员留下"尼克松强"的印象。他说话时，除了强调"法和秩序"以及"尽力达到最完美境地"外，绝口不提其他具体的策略，希望能借此完全的"内向战略"，给人信赖感，彻底改变他"败犬尼克松"的形象。他的战略成功了，不仅以些微之差获得共和党的提名，且在总统大选中，大败民主党候选人，洗雪 1960 年的耻辱。

显然，尼克松总统并不是一位甘于沉默的人，但在特定的条件下，为了"公众的需要"，他调整了自己的策略，以"外向"转型为"内向"，追求近似"木鸡"的效果，最后实现自己的目标。

事实上，"内向"是一种可喜的内省性格。内向之人往往有一种优美的气质，有一种更深层次的思考与认知能力，而且，它也可说是一个人的情感比较收敛，是形成高雅风度的一种内在的力量，可以减少人与人之间尖锐的对立，使"真情实感"得以有机会出现。内向，是对自己内在生命的一种省察，和对外界人与事物的一种敏锐的感应，时常具有"旁观者清"的洞察力。可以这样说，"成功"二字并非仅局限于某种性格类型，世界上有一部分事情是需要外向性格的人去争取、去突破和完成；而有一部分事情也需要性格较内向的人来做，他们往往会做得更加深入而恒久。在一个较优秀的团队里，总是具备各种类型的人才及各种性格的人，以实现极为自然的优势互补，最终服务于团队目标。

不要怕做"孤家寡人"

大凡有根本孤独感的人，思想感情多为较深沉者。因为他们有独特的见解和独特的个性，不为当时社会和同时代人所容。

在现实生活中，当然不能游离在群体之外，可是，如果你喜欢独来独往，也不必过分在意别人把你当成"孤家寡人"。如果你每天上下班需在途中乘车两个小时，你想利用这段时间看书、听外语、思索或仅仅闭目养神，那么就不必勉强自己去参与无聊的闲谈。心理学者研究后认为，惟独孤独才专属男子汉所能追求的境界。在多感的青春年华中尤其须充分体验孤独的乐趣，有某种才华的人，总会显露出孤独感。

闻名于世、陷入千百万观众和崇拜者的重重包围中的意大利电影明星索非娅·罗兰居然也会感到孤独，而且还喜欢寂寞。她说："在寂寞中，我正视自己的真实感情，正视真实的自己。我品尝新思想，修正旧错误。我在寂寞中犹如置身在装有不失真的镜子的房屋里。"

这位艺术家认为，形单影只，常给她以同自己灵魂坦率对话和真诚交往的绝好机会。孤寂是灵魂的过滤器，它使罗兰恢复了青春，也滋养了她的内心世界。所以她说："我孤独时，我从不孤独。我和我的思维做伴，我和我的书本做伴。"

刘海粟大师主张，年轻人"精力正旺，正是做学问的好时光，一定要甘于寂寞。你集中一段时间闭门学习，不去赶热闹，社会上暂时不出现，没啥了不起，等你真正有成就，社会上永远记得你，你就永远不会冷清，不会寂寞了。这是我的经验之谈"。"对一个名人来说，热闹有时就是捧场，就是奉承。这对从事艺术创作是有害的。因为太热闹，脑子要发热，安静不下来"。

并不是所有的人都会有根本的孤独感。大凡有根本孤独感的人，思想感情多为较深沉者。因为他们有独特的见解和独特的个性，不为当时社会和同时代人所容，在任何场合下他们都有与众不同的表现和格局，故内心常有一种难以排遣的孤独。而其中的一些人，会让自己陶醉在科学、艺术和哲学创作中，他们能够感到实实在在的平安和满足。

比如司汤达活着时，声名并不显赫，但他预言要等到1880年左右才会有人欣赏他；贝多芬的许多作品更具有超越时空的性质，他自己也很清楚，他的几部钢琴奏鸣曲是为未来世纪的听众而创作的。少数天才人物，包括伟大政治家身上，根本的孤独感几乎是一种不治之症，这种孤独感伴随着一种根本的惆怅和忧郁。企图抗衡和摆脱这种孤独感，便成了人类从事文化创造的一种最顽强的定力的内驱力。如，凡·高作画，既不为名，也不为利，他之所以要拼着一条性命去画，仅仅是为了排遣内心深处一种说不太清的根本的孤独感。

爱因斯坦的一生也患有根本的孤独症。在《我的世界观》一文中，他坦率地作了自我解剖："我对社会正义和社会责任的强烈感觉，同我显然的对别人和社会直接接触的淡漠，两者总是形成古怪的对照。我实在是一个'孤独的旅客'，我未曾全心全意地属于我的国家，我的家庭，我的朋友，甚至我最接近的亲人；在所有这些关系面前，我总是感觉到有一定距离并且需要保持孤独，而这种感受正与年俱增。"爱因斯坦终生对物理学、艺术和哲学的真挚的爱，全然是企图对这种孤独感的永恒摆脱和最勇敢的回击。

作为现代人都难免偶尔有孤独感。对于人类科学、文化创造来说，孤独感并不是一件坏事。也许，人才在教室、课堂上培养，天才则在孤独感中自己成长。因为孤独感会使人处于一种自我发现的紧迫状态。

孤独往往能带给我们大量的独处时间，可供自由支配。大凡成功者都必有自己独特的生活方式，否则，幸运为什么独独喜欢降临到他们头上？

适当的"孤独"有益于你的人生

一个人适当地独处，对我们的人生，不但没有坏处，而且对于涵养一个人的沉思气质和培养一个人独立思考的能力、习惯，都有很大的好处。

一个人越是不同凡俗就越伟大，也越孤独。孤独是他更加深刻、更加明智地观察生活的高度。

也许是因为我们人类的孕育过程是孤独的，要独自在母体中进行孤独的预演，而不像群生的浮游生物那样，从生命形成的一刹那，就生活在一个群体中，处于一种"社会化"的状态，因此，伴随我们人生的，除了"社会"之外，也还有孤独。这种深层次的孤独促使着我们在生活中要有适当"孤独"，一个人独处。

一个人适当地独处，对我们的人生，不但没有坏处，而且对于涵养一个人的沉思气质和培养一个人独立思考的能力、习惯，都有很大的好处。

人是社会的人，需要在一定的社会里才能健康成长。但不知道你是否留意，婴幼儿是很喜欢一个人玩耍的，即使有家长或别的孩子在场，他也很少顾及。这或许是孩子在母体中独处的一种记忆吧！老人不喜欢孤独，但却喜欢独处，像是对母体中独处的一种美好回忆。在生命的起点和终点，我们都表现出一种生命原本的色彩。这不能不说是个很有趣的现象。

我们所以说"适当的孤独"，为的是和诸如幼年丧母、中年丧妻、老年丧子以及由于各种各样的原因而被抛出人群的茕茕孑立的孤独相区别，后一种孤独对人生只有坏处绝无益处。"适当的孤独"是人生某种独特价值的秘密阵地，是容纳难以摆脱的情感的舞台。这种孤独，在繁琐的世界中寻找简练，在闹市中寻找静区，在世俗的冲击中寻找脱俗，在违心的随俗中寻找自洁，在不平的人生遭际中寻找平静。可以说，适当的孤独是我们人生的一种修炼。

适当的独处，不是陷入某种所谓的境界中而无力自拔，无力自拔不是一种人生境界，而是对人类理性的弃绝，对"红尘"的厌恶。适当的孤独，是对人生爱极的表现，是推动人类文明、修炼我们人生的一种内驱力。

试想一下，在劳碌了一段时间后，避开纷杂的人事，在某个安静祥和的环境中，一个人静静地呆着，什么都可以想，什么也可以不想；不想说的话不说，不想做的事不做，不想见的人不见；没有人世间的尔虞我诈，只有一个人的世界。这，是不是一种境界？

在你适当的独处的这段时间里，你可以好好审视一下你过去的人生，也可以好好设计一下你未来的人生；你可以想想自己过去的人生中，哪些人、事、物给你留下了美好的回忆，又有哪些人、事、物使你不堪回首；你也可以像世间所有的杰出人物一样，热情奔腾地面对生活，同时又同自己的心灵悄悄对话。

当然，你不会忘记，你"适当的独处"并不是目的，不是为了远离人间，恰恰相反，适当的独处是为了更好地同世间的人同歌共舞，是为了在人间更高的腾飞。

所以，如果你想更客观、更真实地观览人生，观览人世，审视自我，为你人生的再度升华提供食粮，你可以暂时地拉开一段与"尘世"的距离，去适当地独处一阵。之后，你会发现自己飞得会更高！

活在自尊的世界中

　　每个人都有优缺点。为缺点而烦恼，缺点仍然与你同在。因此，一个自尊的人，应该接纳自己的一切条件，并肯定它的价值。

　　我们不得不承认，人类是非常奇怪的动物。从小就知道自己最为重要，可是到头来却很少对自己的一切满意。这种"看重自己又否定自己"的矛盾心理，无疑就是一切烦恼的根源。人之所以不满意自己，是因为他的周围有外的人，那是些他自认为比自己条件优越的人。在相形见绌的情况下，无形中重视了别人，贬抑了自己。一个人要想摆脱烦恼，生活过得快乐，最重要的条件是把贬抑的自我提升起来，放回到自尊的世界里。一个人必须先能自尊，而后才能自爱。自尊自爱之后，他才能够形成和谐统一的人格。此处提出以下四点提高个人自尊的建议：

　　（1）按照自己的条件评定自己的价值。人的价值，本来是相对的。只有在相互比照之下，才能定出高低。而且，每个人都兼有优点和缺点，撷取自己的优点，就是看重自己，撷取自己的缺点，就是贬抑自己。问题是，优点和缺点都是属于自己的。优点不能随意增加，缺点也不能随意丢掉，个人所能做的，只有在自己的优点上尽量去发挥，才能表现出自己的价值。

　　人不可能十全十美，每个人都有优缺点。为缺点而烦恼，缺点仍然与你同在。因此，一个自尊的人，应该接纳自己的一切条件，并肯定它的价值。例如，具有两只手的正常人，他能肯定地说自己的双手万能。假如他遭遇不幸，丧失一只手，这时痛苦烦恼无济于事。如果他重新肯定自己，就可以说他决心用一只手去完成两只手的事。只有这样能按自己的条件评定自己价值的人，才能够快乐地活下去。

　　（2）根据自己的体验来判决自己的成败。俗语说：人不能以成败论英雄。意思是说，一个人的真正成功与失败，不能单靠他做事情的结果来判断。因为每个人的机遇不同，机会不等。一个人在生活中，失败的经历不能避免，而且也不宜避免，因为没有失败就没有成功。问题的关键是，个人应如何根据自己的体验来判定自己的成败？以及人应如何根据自己的成败经验去寻求更多的成功？

人生经历中失败是不可避免的。个人必须树立面对失败局面的一种正确态度。个人自觉对人对事已经尽了全力之后的失败，对失败的结果应坦然接受；不文过饰非，不愧疚怨尤。只是，应注意的一点是，尽量把失败的结果局部化或简单化，不要说"我失败了！"而应换个方式说"我这次失败了！"或"我做这件事失败了！"如此，可以避免失败后烦恼情绪的类化作用或扩散作用。

（3）把自己看成和别人一样重要。每人都应该有自己的理想，想与众不同，出人头地，但除理想外，他也应该有平常人的需求。每个人都是血肉之躯，他应该有欲望，有需求，有喜、怒、哀、乐，这些都是属于人的特征。因此，一个正常的人，不必因为自己有这些特征而感到愧疚。

天生我才必有用，因而不必苛求自己做个十全十美的人。不必冀求别人如何对待自己，也不必过分强求自己事事胜过别人。只有你觉得你和别人一样重要，你才能做到不傲不谄，不亢不卑，也只有这样，你才能敞开胸怀，容得下别人，不嫉妒，不疑惧，和谐地参与在团体生活中。在团体中，有机会做领袖固然可以当仁不让，没机会去领导别人时，就退而甘愿接受别人的领导。若说人生如戏，那么台上台下都是人生。上台时表演供别人欣赏，下台后欣赏别人表演。果能如此，个人就不会失去自尊的感受。

（4）欣赏但不冀求别人的赞许。评论一个人的性格是幼稚还是成熟，通常有一个标准，就是看他的行为表现是决定于外在的还是内在的因素。赞许就是外在因素之一。若是一个人的行为完全靠别人赞许而决定，就显得他不够成熟。幼儿的行为就是如此。幼儿的人格在形成阶段，事事需要学习，所以在成人面前求知的表现，总是讨人喜欢，邀人赞许。到了青年期，性格渐趋独立，冀求别人赞许的倾向逐渐减低，改为按他自己的主张行事，是为内在因素，亦即独立与成熟的表现。此后与人交往时，不是不喜欢别人的赞许，而是他的所作所为，不以寻求别人赞许为目的。一个性格成熟人格独立的人，他做人做事，不受制于别人的赞许。因为，如果赞许成为个人的需求，个人势必依赖别人的赞许而做事，结果就是不但使人做事失去信心，事事想讨好别人，以获得周围每个人的赞许，只好随时放弃自己的主见去迎合别人；甚至不惜卑躬屈节，仰人鼻息。像这种人，不只是他做人做事失去原则，行为表现缺乏一致性，甚至为讨人赞许不得不说出违心之言，做出违心之事。固然，所谓八面玲珑的人，在社会上是能到处讨好的，甚至这种人在社会上也可以得到报酬，获得成功。然而，从心理健康的观点而言，这种人纵然在表面上获得成功，达到目的，他也未必能心安理得地真正快乐起来。因为他的行为时常损害到他的自尊。不过，像这种内心深处的烦恼，只有当事人自己才知道。

争取应得利益，体现个人价值

老实人该怎么办？是忍气吞声呢，还是奋起一搏呢？当然是要扼腕而起，坚决捍卫，绝不无原则地放弃自己的正当权益。

在我们的工作和生活中，有些人认为做人就要本本分分、规规矩矩，他们在工作上任劳任怨，在生活上严谨自好，各个方面都达到了社会规范的基本要求，在单位领导眼里往往也算是很听话的人，在群众中形象也是公认的好。然而，就是这样的人却总是吃亏。也就是说，遵守规则的人并没有得到奖励，而违背规则者却获利甚丰。这种现象看似不正常，但却很普遍地发生在我们的身边，久而久之，反倒成为正常现象。为什么这种人总是吃亏？这与其羞于争取自己分内利益的行为有着直接的，甚至可以说是必然的联系。

有些人极端重视道德和规则，认为自己去争取利益这件事本身不符合以道德为核心的道德标准。而对道德标准的遵从，使他误以为有好的用心，好的行为就必然会有好的结果，也就是说，只要自己做了工作，有了成绩，群体（包括组织和领导）自然就会安排自己的利益。因此，没有必要去争取利益。

而且，有些人还总有一种认识上的误区，认为"争"便是不道德，因为道德的行为是讲究无私奉献、只讲付出、不求索取的。但事实上，争取自己的分内利益是一个与道德无关的问题，按劳分配、等价交换乃是天经地义的公理。而老实人看不到这一点，他们以道德感来评判一切事物并以此来决定自己的一切行为取向，因此，在他们眼里，争取利益就变成了一件不道德的事。

还有些人，也认识到了应该去争取一下自己的正当利益，但是却苦于无计可施。因为在争利的过程当中，为了在竞争中获胜，势必要运用一些超出群体规范的技巧和手段，而这一点乃是最不能接受的。于是乎，在某种程度上，有人把争利的过程与小人行为等同起来，这样，争取自己的分内利益，就不仅是不必要、不道德的举动了，甚至成为可耻、可恨的事。

然而，这种"不争"的道德之举，却带来了一系列不良的后果，这些后果从一个客观的立场上来评价的话，甚至还有不道德的因素在内，这大概是始料不及的。

就个人而言，不去争取应得之利益，往往会有以下后果：

1. 使自己的生存能力显得不足

我们都是生活在社会中的世俗凡人，我们要活下去，就必须要有一定的物质基础作保障，没有这些东西或者获取不足，生活就会出现困难。这是一个非常现实的问题，道德正义感并不能一劳永逸地解决肚皮咕咕叫的问题。如果你羞于争利，使应涨的工资未涨，应分的房子未分，应升的级别未升，势必会使自己的生活质量受到影响，并且，这种影响往往并不单单涉及到一个人，其小集体的其他成员，特别是家庭成员也将跟着受害。

2. 对自己事业的长期发展不利

有理想、有抱负，有公正心和正义感，这很值得提倡，但千里之行始于足下，万丈高楼平地起，通往理想的路就像是登山的石径，必须要一个台阶一个台阶的攀登，必须要有一定的实力作积淀。如果你羞于争利，就等于是少登了一个台阶，而有些时候，少登一个台阶就会错过一系列的机遇，这样少登一个台阶事实上很可能就相当于少登了十个，甚至是上百个台阶。无疑，这对我们事业的长期发展是极为不利的。

3. 自己该得之利而未得到，会影响情绪和心情

人非草木，孰能无情？自己受到不公正的待遇，自然感到恼火、窝心、生气、烦闷，这当然要影响自己的工作和生活，对身体健康也颇为不利。可见，羞于争利，失去的不仅仅是一种利益，它会有一系列的负面后果，对此我们应有足够的认识。

而从对社会的角度来看，这种"不争"之举其实是助纣为虐，有道德之心，而生非道德之果，正所谓播下的是龙种，收获的却是跳蚤。

不争应得之利，反使不应得者从中获益。实际上，老实人只讲独善其身，不争取正当利益的行为，这是对恶的一种纵容，客观上造成了助长不正之风的结果。

不争应得之利，会使不公平的行为逐渐演化为不公平的规则。世界上并无绝对的、天生的规则，一切有关人类行为的规则都是从人们的相互交往中演化出来的。也就是说，当同一种行为一而再、再而三地发生以后，它就会变成一种具有约束力的行为模式，这种行为模式再经过长期地大范围地实行，就会成为一种新的社会规则，对人产生外在的强制力。老实人不去争取自己的应得之利，而不应得者却大得其便，获利甚丰，这就构成一种行为模式。在以后的类似行为中，老实人可能仍旧不能获得自己的那部分正当利益，而不应得者再次从中获益，久而久之，不正常就成了正常，不公平的东西则固化为社会规则的一部分。这样，老实人的忍让和退缩，就不仅仅是一种不利于己的行为，而成了阻碍社会进步的行为。自然，在这其中，老实人将成为更大的受害者。

这就需要我们对社会运行的真实现状有一个客观的审视。可以说，现实并不理想，因为人本身都有缺陷。无论在什么时代，在什么地点，社会上总存在着一些超出正常状况的争取私利的情况，并且他们往往又能取得成功。而且，在短期内这种现象是难以杜绝的。现在，世界上还不存在哪一个组织或群体，它可以彻底贯彻完全公正的原则。

面对这样的现实，老实人该怎么办？是忍气吞声呢，还是奋起一搏呢？当然是要扼腕而起，坚决捍卫，绝不无原则地放弃自己的正当权益。老实人应该冲破自己的那种僵化静态的道德观，真正认识到，确保自己的

份内利益，是每个人都应承担的责任，它不但有利于老实人自己的生存和发展，同时对社会公正法则也是一种切实有力的支持和维护。只是盯在一事一行的道德上，那只是小道德，而使自己行为的后果有利于整个社会的发展和进步，那才是大道德、真道德。如果我们每个人都不做弱者，不做牺牲品，敢于去争取自己应得的利益，那么，坏人就会无利可争、无食可夺、无机可乘、无利可图，也不会有那么多人假公济私了。也只有这样，我们的天下才会更加太平，社会才会更有秩序，老百姓才会活得更加心情舒畅。可以说，确保自我正当利益的实现，就是对社会一定意义上的奉献。

第十一章

天命不可违，性格能打磨

看清自己的真面目

一个人内心一旦确认了自我身份的话，他的一言一行一举一动就会把自己塑造成那种形象，并且一生不变。

人类的历史，其实就是不断地征服自然的历史。当自然被人类"征服"得千疮百孔、似乎地球上的其他万事万物都臣服在人类脚下的时候，人类这才发现，被征服得千疮百孔的同时还有我们人类自己，我们人类其实臣服在自然的脚下。

太多的悲剧，来源于我们人类并不了解自己，不了解自己在宇宙中的地位，不了解我们人类自己其实是最脆弱的。所以，当人类在继续将探索的触角伸向了更远的太空的同时，也更多地关注起我们人类自身。

这，无疑是我们人类历史上的又一次大革命！

那么，你了解你自己吗？

"我是谁？"这一命题从古到今不知在拷问过多少人，而且，我们的后人还会继续这样拷问下去，直到人类从这个宇宙上消亡为止。

我们自己对自己其实并不了解，所以，类似"我是谁"这样的拷问还会在每个人的意识中继续着。

哲学家和普通的人一样，也在探寻"我是谁"的答案，从古希腊的苏格拉底到存在主义哲学家萨特，他们一直在思索着，探索着。其实，说简单一些，"我是谁"就是一个自我确认问题。

一个人内心一旦确认了自我身份的话，他的一言一行一举一动就会把自己塑造成那种形象，并且一生不变。

对于人类而言，有一种信念能最大限度地影响我们的生活、事业以及一切，并且能够让你发展成功，那就是对自己身份的确认。

所谓"自我确认"，是指心灵深处对自我的一种界定。这种界定会使我们跟别人迥然有别。换一种说法，就是我们在内心对自己形象的塑造。

如果你自己的形象在自己的心中就是一个发展成功者，是一个才华横溢、能力超群之士，那么你肯定会尽情发挥你的长处，最终，你必将成为成功者。

教育家们也发现，一位老师对学生的看法，能够非常深地影响学生的自我确认，从而影响他们心智的发展。

有这样一个研究实例，老师对几位优等生另眼看待，认为他们是最有前途的学生，不断地给予表扬。结果，计划如期实现了，这几位学生取得了极其优秀的成绩。

然而事实上，当初这些学生只是智力极其一般的孩子，甚至，他们中间还有几位"差生"！

这一实验表明，好的自我确认对一个人的成长具有极其重要的影响。因为一个人一旦在内心深处确认自我是哪种身份的人的话，就再也看不到自己的另一面了。

上述道理同样也适用于学生以外的任何人群。

如果我们每一个人在生活中都能对自我的确认有适当的信念，对某些方面有一些特别的调整，自我确认改变之后的人生就会变得更加有意义，就会减少无数苦恼、麻烦和痛苦，平添许多欢乐。

当然，对自我确认的改变必须是从尝试和一再地坚持中形成的，表里如一的努力就会使人在这种"我是谁"的转变中获得成功。

有这样一个故事：

美国的一个女孩子，名叫戴伯娜。她讲述了她参加自我确认实验之后自己的转变过程。

她说："我从小就胆小，从不敢参加体育活动，生怕自己会受伤，但是参加这项实验之后，我竟然能进行潜水、跳伞等冒险运动。

"事情的转变是这样的，你们告诉我应该转变自我确认，从内心深处驱除胆小的信念。我听从了你们的建议，开始把自己想象为有勇气的高空跳伞者，并已战战兢兢地跳了一回伞。结果朋友们对我的看法变了，认为我是一个活力充沛，喜欢冒险的人。

"其实，我内心仍认为自己胆小，只不过比从前有了一些进步而已。后来，又有一次高空跳伞的机会，我就视之为改变自我确认的好机会，心里也从'想冒险'向敢于冒险转变。当飞机升到 15000 米的高度时，我发现那些从未跳过伞的同伴们的样子很有趣。他们一个个都极力使自己镇定下来，故作高兴地控制内心的恐惧。我心想，以前的我也就是这个样子。

"刹那间，我觉得自己变了。我第一个跳出机舱。从那一刻起，我觉得自己成了另外一个人。"

在这则故事里，这个美国女孩子变化的主要原因在于内心自我确认的转变。她一点一滴地淡化掉旧有的自我确认，采取崭新的自我确认，从而在内心深处想好好表现一番，以作为别人的榜样。最终，她的自我确认转变了，从一个胆小鬼变成一位敢于冒险、有能力并且要去体验人生的新女性。她的这一变化，肯定也会影响了她后来生活中的每一件事，包括她的家庭，她事业的发展。

在我们的生活中，人们往往不愿意轻易牺牲自己来拯救别人，特别是当他认为自己的生命是自己的时候更是如此。但是，如果他的信念改变了，他就会乐于助人。比如在要抽取一个人的骨髓之前，先让他做几件小事，使之感到不帮助别人会违反人的天性，而帮助他人、为别人做牺牲才是天经地义的，同时也是一种快乐，那么，当他在内心深处确认自己是个乐善好施者时，再要求他在无损于己的情况下捐赠骨髓，他就会欣然答应。这其中的原因就在于他对自己的认识改变了。世界上最能影响人的东西正在于此。

同样的，一个人要想获得发展机会，要想取得人生的成功，成为生活和工作中的优胜者，就应该首先在心目中确立自己是个优胜者的意识。同时，他还必须时时刻刻像一个成功者那样去思考和行动，并培养成功者的宽大胸襟，这样，他总有一天发展成功。

我们周围人对我们的看法，也会深深地影响我们的自我确认。还有，无情的岁月也影响着自我确认。一个人在十年前过得并不如意，但他想像着有一个美好的未来，并极力向此目标奋斗。结果，今天的他正是当年他心目中确认的那个"未来形象"。由此可见，以什么样的标准来看不同时期的自我，决定着自我确认的发展方向。

培养你的自信心

> 虽然我们无法靠希望移动一座山，也无法靠希望实现你的目标。但只要你有信心，你就能移动一座山。只要你相信你能成功，你就会赢得成功。

成功意味着许多美好、积极的事物。

成功是人生的发展目标。

人人都希望成功，每个人都想获得一些美好的事物。每个人都希望自己是自己人生的主宰，没有人喜欢巴结别人，过一种平庸的生活，也没有人喜欢自己被迫进入某种状态。

人生最实用的成功经验，就是"坚定不移的信心能够移山"，可是，在我们的生活中，真正相信自己能移山的人并不多，而真正移山的人就更少了。

虽然我们无法靠希望移动一座山，也无法靠希望实现你的目标。但只要你有信心，你就能移动一座山。只要你相信你能成功，你就会赢得成功。

可能你会说，我很勤奋，但就是对自己缺乏信心，不相信自己能够成功。的确，这是一种消极的力量。当你心里不以为然或怀疑时，就会想出各种理由来支持你的"不相信"。怀疑、不相信，潜意识要失败的心理倾向，以及不是很想成功的心态，都是失败的主要原因。

那么，在生活中，如何培养你的自信心呢？

（1）在聚会、开会等场合，你要专挑前面的位子坐。可能你已经注意到，在上述场合，后面的位子总是最先被坐满。大部分占据后排座位的人，都希望自己不会太显眼，而他们怕受人注目的原因就是缺乏自信心，坐在前排能建立你的信心，你可以把它当成一个规则试试看，从现在开始就尽量往前排坐。坐前排是比较显眼，但成功又何尝不是一种显眼呢？

（2）练习用你的目光正视别人。眼睛是心灵的窗户，一个人的眼神可以透露出许多有关他精神世界的信息。面对一个不敢正视你的人，你可能就会问自己：他想隐瞒什么呢，他怕什么呢，他会对我不利吗？如果你不正视别人，你的眼神就意味着：在你旁边我感到很自卑；我感到我不如你；我怕你。而如果总是躲闪别人的眼神则更糟，它通常告诉别人：我有罪恶感；我做了或想了我不希望你知道的事情；我怕一接触你的眼神，你就会看穿我。但是，如果你正视别人，就等于告诉他：我很诚实，而且光明磊落，正所谓"君子坦荡荡"。

（3）把你走路的速度加快25%。心理学家将懒散的姿势、缓慢的步伐跟对自己、对工作以及对别人的不愉快感受联系在一起。但是，姿势和速度可以改变，你可以借着这种改变来改变你自己的心理状态。如果你仔细观察会发现，身体语言是心灵活动的结果。那些屡遭打击、被排斥的人，连走路都拖拖拉拉，完全没有自信心。所以，使用这种加快25%的方法，抬头挺胸走会好一点，你就会感到你的自信心在滋长。

（4）经常练习当众发言。在生活中，你会发现，有许多思路敏捷、天资很高的人，却无法发挥他们的长处参与讨论，不是他们不想参与，而是因为他们缺少信心。尽量当众发言，就会增加信心，下次发言就更容易一些。所以，从现在开始，你不要放过任何一个发言的机会，不要怀疑自己，你的发言的确很精彩。

（5）经常性地放声大笑。笑能给自己很实际的推动力，它是医治信心不足的一副良药，不仅如此，笑还可以化解别人敌对情绪。放声大笑，你会觉得好日子又来了。现在，你就放声大笑一次，然后体会一下其中的滋味。

将弱点转化为力量

为什么许多人会深陷于自卑情绪中而痛苦呢？心理学家告诉

我们，人类性格中最常见的弱点之一便是人们并"不想要成功"。

人与人之间的能力有强弱之分，强胜于弱，弱败于强，为基本能力准则。这就要那些试图扭转人生的人必须向自身最弱处开刀。向最弱之处开刀就是要达到这样一个效果：将自己最弱的部分转化为最强的优势。这一点对我们任何人都非常重要，请你大声地重复这句话，并把它深深地印在脑海中。这绝对是真实的，你可以将最弱的地方转为最强。

有一个名叫格兰恩·卡宁汉的人，自小双腿因烧伤无法走路。但是，他却成为奥运会历史上长跑最快的选手之一。

他认为，一个运动员的成功，85%靠的是信心及积极的思想。换句话说，你要坚信自己可以达到目标。他说："你必须在三个不同的层次上去努力，即生理、心理与精神。其中精神层次最能帮助你，我不相信天下有办不到的事。"

积极的思想能使一个人将自己的弱点视为一种挑战的机会。你可以将弱点转为最强的部分。这种转化的过程有点类似焊接金属一样，如果有一片金属破裂，经过焊接后，它反而比原来的金属更坚固。这是因为高度的热力使金属的分子结构更为严密的缘故。

如何将弱点转化为优点呢？你可以依据下列六个步骤来实现。

（1）孤立弱点，将它研究透彻，然后设计一个计划加以克服。

（2）详细列出你期望达到的目标。

（3）想像一幅将你自己的弱势变成强势的景象。

（4）立即开始成为你希望的强人。

（5）在你的最弱之处，采取最强的步骤。

（6）请求他人的帮助，相信他们会这样做的。

这套公式是由 H. C. 马特恩所设计的，他是一个极具积极心态的人。他本人就是将弱点转为优点的最好的例子。

马特恩曾是一个很消极的人，多年前的一个晚上，他散步到长岛的一处草地上，计划在那里自杀。生命对他已无任何意义可言，生活中已无任何希望。他随身带了一瓶毒药，一口喝尽，躺在那儿等死。

第二天，他睁开眼睛，看到月光皎洁的夜空，十分惊异。他怀疑自己已经死了，他想不通自己为什么会没有死。他始终认为，这是上帝的意思。上帝希望他活下来，因为另有任务给他。当他知道自己仍然活着，突然间重新有了生存的渴望。他感谢上帝的恩赐，让他活下去，并且下定决心，一定要活下去，要以帮助他人为职责。

马特恩成了一位特殊的积极思想者，他把帮助他人当做自己生命的全部使命。

对于你来讲，你想克服的弱点是什么？恐惧、生气、伤感、失望、沮丧、酗酒……？无论是什么，我可以明确告诉你，它绝对不能永远打败你。记住了这一事实，你就可以将最弱的地方转为最强。

任何人只要愿意控制自己的弱点，愿意接受积极思想，都能做到这一点。信仰可以大大改变人的生活，新思想可以把旧的坏思想排挤出去。只要有意识地去改变自己才能真正达到目的。"心的变化"实际是指意识的变化。

自我贬低很容易使人自卑，并且自弃。

为什么许多人会深陷于自卑情绪中而痛苦呢？心理学家告诉我们，人类性格中最常见的弱点之一便是人们并"不想要成功"。沿着这条思路发展下去，他们认为成功是一件危险的事，因为要保持成功的地位，必须付出更多的代价。所以，他们便故意或者无意地强调自己的弱点，显示出不如他人的样子。

事实上，每个人的性格中都有优点和弱点。问题是，你所强调的是自己的优点还是弱点？你靠什么来生存下去？如果着重在弱点方面，你将会愈来愈弱。如果你强调的是优点，你将会愈来愈坚强和自信。这个道理非常简单易懂。

但是，我们不能将自己的弱点与自我想像的弱点混为一谈。学习如何接受自我是克服弱点的第一步。大多数有自卑感的人总是把注意的焦点放在自我身上，也就是将目光放在弱点上。对不重要的事也以自我为中心来考虑，以为每个人都在注意这些事，其实并不是如此。

许多人经常找出自己性格上的小缺点，自认为这就是缺点，然后又费尽心机，使自己相信，"因为这个弱点，所以不能成功。"要解决这个问题，就必须先了解，我们每个人都能成功、快乐和坚强。所以你必须决定，你打算要突出哪一方面，这一决定权在于你。一旦你选择突出自己的长处和优点，自卑感便会消失，一种强而有力的能力便会取代你的缺陷及弱点。

让我们再看看另一种普遍的缺点和相应的解决方法。这个弱点便是气馁，介于成功与失败之间的是气馁。如果你能多坚持一下，多努力一下，结果可能完全不同。但是气馁常会使你在快要达到目标时放弃，如果再多坚持一下，便可以获得成功。这是多么的可悲啊！

积极心态的确能使人转败为胜，将弱点转化为力量。

给自己一个改变的机会

> 战胜自我，是克服成功过程中的各种内外困难，是超越某一阶段的人生困境和沮丧的生活情绪，从人生低谷中跃升。

约制自我，等于战胜自我的劣根性和超越自我的惰性，等于成就自我。有不少年轻人在成就事业的过程中，忍辱负重，颠沛流离，正是一幅幅约制自我的活生生的图景。

战胜自我，是克服成功过程中的各种内外困难，是超越某一阶段的人生困境和沮丧的生活情绪，从人生低谷中跃升。

心理学家道尔西说："约制？是的，约制我们的情绪，使我们不致因之流于癫狂或陷于不义或疾苦；约制我们的怒，使我们能够想出对付每个有害东西或境地的方法；约制我们的怕，使我们能省下精力以供高尚的努力；约制我们的痛苦，使我们能用脑筋去认清它的原因而予补救的方法。"

人的缺点当然不仅仅在于形体上，更主要的是在于你的心理和性格上。下面所举的就是一般人常有的缺点：自负、依赖心理、恐惧心理、健忘、急躁、磨蹭、怯弱。

然而，如果你能正确对待这些缺点，就能成为你潜在的财富，化做你行动的力量。比如：自负。如果能处理得好，就能变成自信心而转化成财富。自负和自信的区别仅在于：自信是意识到自己圆满完成某项工作所具备的真正能力；而自负只不过是自以为是的表现，这种表现和实际相符的机会不多而已。

依赖心理。如果你懂得了帮助别人和得到他人帮助的道理，就会把依赖心理转化成一种同心协力，发挥群体效应的优点。

恐惧心理。如果把你置于真正危险的场合，或者接近危险的事物，从而引起你高度的警惕，那就成了一种你拥有的力量。

健忘。世上很多事最好不要时时记挂心头，忘怀之道是人们必须学会的一种处世方法，如果你的健忘不是用在需要高度记忆的事物，而是用以让过去的创伤付之流水，那么你会因健忘而精神振奋地投入工作。

急躁。如果处于应变或克服困难，急躁将比麻木不仁要强上百倍。

磨蹭。不论对谁来说这都是一种缺点，可是磨蹭若是为了统观全局，或是在弄清事实之前不急于行动，那么这种磨蹭就成为你的优点了。

怯弱。过分的胆怯或畏缩是一个明显的不足。但如果怯弱带来的是自制和谦逊的话，也不失它的用途。

采取上面的方法可以使你把许多缺点转化成为优点。大家真正最容易犯的最大缺点是"自我轻视"。弄清自己的缺点并不是件坏事，这样可以改进自己的不足之处，可是如果由此又犯上"自我轻视"的毛病，那就与你的初衷背道而驰了。

每个人在不同的生活领域，在不同的时间、场合都扮演着不同的角色，而每种角色都有其特殊的角色规范，不同角色之间的交往也都有不同性质的规定性。只有把它们恰当地区分开，在不同的角色中遵循不同角色规范的要求，这样才能避免角色冲突。

要想处理好人际关系，恰当的角色自我评价尤其重要。但是，需要注意的是，绝对完美的自我评价和自卑自贱的自我评价最容易导致人际交往的失败，最容易使人走入人际关系的误区。这两种角色评价虽然表现不同，但由于都是一种自我认识的盲目性，因此，在本质上是相通的。这两种现象都有可能引起角色位置失当，从而引起人际关系紧张。只有走出这种角色评价的误区，才能取得人际关系的成功。

弗兰西斯·培根曾说，正如恶劣的品质可以在幸运中暴露一样，最美好的品质也正是在厄运中被显示的。强者在无数的挫折和失败中，只是使他们的人格魅力更加美丽。对他们来说，挫折和失败，是他们博取成功的有力筹码。

从无数成功者的足迹中，我们可以剪辑出一份成功者如何面对挫折和失败的清单，并且予以圈点。从中，我们可以看到成功者在追求成功过程中遭遇挫折和失败的必然，可以领略成功者挑战挫折和失败的风采，也可以认真地问一问自己：假如我是他或她，我会怎么办？

确如 K·佩里所说，战胜自我，感觉真好。走出人生低潮，意味着自我的胜利，人格得到锤炼和升华，生活的信心和热忱重新回到自己的身边。走出人生低潮，我们将对生活有更深层次的感悟，生命的空间更加宽广，更加湛蓝。

改变自己对挫败的态度

> 一切再令人难堪的事情，只要是朝着正确的方向前进，都会成为好事。

"世界上没有什么东西可以代替坚持不懈。聪明不能，因为世界上失败的聪明人太多了；天赋也不能，因为没有毅力的天赋，只不过是空想；教育也不能，因为世界上到处都可以见到受过高等教育的人半途而废。如今，只有决心和坚持不懈才是万能的。"美国作家卡文·库利吉的一句话道出了坚持的重要性。

人如何看待挫折，直接影响着他的行动力，导致他的成功或失败。挫折摆在眼前，就是一个残酷的事实，除了接受它之外，另外该做的是，把它转化成为一种助力，让自己撑着它，攀上更高的山峰。

刚刚进入社会的年轻人在寻找工作时，总会因为资历、相关工作经验的缺乏，或所学与想从事的职业不同而碰壁，不妨看看这样一个例子。

凯文一心想往广告界发展，于是他寄出自己的简历，却得不到各家公司青睐。不甘心之余，他决定打电话去问清楚："为什么不用我?"可能就是因为这股自信，使他获得了工作机会，后来成为传媒界的杰出人士。当他谈起当年的情况时，说："我觉得我自己是属于传媒界的人，于是我写信到各大广告公司毛遂自荐，哪怕是倒水、清垃圾都无所谓，只要给我机会。"

一位知名的演艺人员，当初在大学快毕业的时候，决心走入影艺圈，但是缺乏相关背景的她，迟迟不知该如何打开这扇大门。后来她决心去拍些相片，四处散发自己的照片，以达到自我宣传的效果，最后她终于成功了。

有一种人在找不到工作的时候，就会迷茫沮丧，但是另一种人会想尽办法，去摆脱困境。一位任职人力资源公司的主管谈到多年的工作经验时说："冷静下来，总有办法可想，许多人都是这样走过来的。做不好比不做更好。"

台湾有个"草莓族"的称号，用来形容20世纪60～70年代出生的这群人。因为他们在工作上所展现出来的低抗压性，遇到挫折时就放弃，如同草莓一样，虽拥有光鲜外表，但只要轻轻一压，整个形状就被破坏了。其实最根本的原因，就是他们缺乏处理失败的应变能力，不懂如何换个角度，改变自己对失败的想法罢了。

有位业务员照例拜访某公司，但他这次运气似乎不太好，被挡在门外，他只好把名片交给秘书，希望能和董事长见面。秘书看他十分诚恳，便帮他把名片交给董事长，不出所料，董事长不耐烦地把名片丢回去。很无奈地，秘书只得把名片还给站在门外的业务员，业务员不以为意地再把名片递给秘书："没关系，我下次再来拜访，所以还是请董事长留下名片。"

拗不过业务员的坚持，秘书硬着头皮，再次走进办公室。没想到董事长这时火了，将名片一撕两半，丢回给秘书。秘书不知所措地愣在当场，董事长更生气了，从口袋里拿出10块钱，"10块钱买他一张名片，够了吧"! 岂知当秘书递还给业务员名片与铜板后，业务员很开心地高声说："请你跟董事长说，10块钱可以买两张我的名片，我还欠他一张。"随即又掏出一张名片交给秘书。突然，办公室里传来一阵大笑，董事长走了出来，"不跟这样的业务员谈生意，我还找谁谈"？

拒绝是业务员每天都会碰到的场景，如果光是靠修养还是有泄气的时候，即便超级业务员也有倒地不起的一天。能从别人设下的困局逃脱的人，都有一个本事，那就是逆向思考，当你不顺着设局者的逻辑思考时，你才能出自己的招，去破解对手的招数。说是阿Q精神也好，通常只有这样才能成为一个主宰大局的人。

一个在金融界工作的人，当初他刚进入公司做基金研究员时，不知为什么，主管老是看他不顺眼，比如主管邀请大家下班后一起吃火锅，总是不小心漏了他。他替自己打气的方式是去饭店吃高级火锅，他想这比主管还享受！主管要给他难堪，哪知他更得意！工作上，主管分配给他的基金，老是一些冷门的投资项目，业绩上很难有所突破，他也不生气。

现在他在另一家公司的行销企划部如鱼得水，他说："多亏那个主管以前那样对我，否则我现在只能做研究分析员。他的态度逼我走出另一条路，很谢谢他的造就。"

当我们扭转想法，就可以驱除失败时所带来的负面情绪。若让负面思考及恐惧侵蚀心灵，只会让整个世界剩下自我怀疑和恐慌而已。可是，一旦我们懂得如何控制自己的负面态度，不让其持续扩大，便也开始懂得正面思考，就可以将"棍子"转变为"令牌"，使我们化不可能为可能。

一切再令人难堪的事情，只要是朝着正确的方向前进，都会成为好事。

仔细诊断每次失败的原因

愚蠢至极的人才会在同一个地方被同一块石头绊倒两次，这样的人当然也学不会从失败中汲取教训，只会反复让自己陷入失败。

大大小小的错误，可能会吓住许多人，心中不禁产生那种"一朝被蛇咬，十年怕草绳"的恐惧感。其实，这大可不必。失败也是一个成果，需要你仔细诊断。对此，发明大王爱迪生似乎比所有人认识得更深，实践得更好。爱迪生为了得到一个正确的结果，实验时出过上百次错误，但他正是在错误中找到了正确的理论方向。

爱迪生在电灯的发明上失败了无数次。某次为了寻找最合适做灯丝的材料再次失败后，他的助手叹口气说："唉，又失败了。""不，"爱迪生轻松地说，"错了！这是我们又成功地找出了一个不适合做灯丝的材料。"把失败看成是一次富有正面意义的成果，从失败中有所收获，这是成功者所须具备的一种绝佳心态，他们最懂得"失败乃是成功之母"这句话，往往会在失败的教训中获益，然后从失败中走向成功，之前的失败经验反而是最辉煌的转折点。

当然，关键是你要在这次失败中汲取教训，下次不再犯同样的错误。只有愚蠢至极的人才会在同一个地方被同一块石头绊倒两次，这样的人当然也学不会从失败中汲取教训，只会反复让自己陷入失败。

以下是常见的失败原因，请找出你身上曾经出现过的那几项，并下定决心使它离开你：

浑浑噩噩，生活缺乏明确目标。

缺乏自律，饮食无法自我节制和对周围环境漠不关心。

缺少雄心壮志。

因消极人生观和不良饮食习惯造成的疾病。

儿时的不良影响。

缺乏坚持到底的毅力。

情绪起伏过大。

时常妄想不劳而获。

即便机会近在眼前，仍然无法迅速做出决定。

婚姻生活不幸福或工作不顺利。

与人言谈，总措辞不当且缺乏耐性。

虚掷光阴和金钱。

无法和人融洽相处与合作。

缺乏洞察力和想像力。

受挫时报复欲望强烈。

我们还必须了解到失败的原因并不止这些，而且导致一个人失败的原因，通常不止一种。

马登年轻的时候，曾经在芝加哥创办一份教导人们如何成功的杂志。草创初期他没有足够的资金创办这份杂志，所以他只好和印刷工厂合作。后来这一本杂志在市场上十分受欢迎，畅销数百万册。

然而，他却没有注意到他的成功对其他出版社已造成威胁。而且在他完全不知情的状况下，一家出版社买走了他合伙人的股份，并接收了这份杂志的出版权。当时他是以一种感到非常耻辱的心态，辞去了他那份充满兴趣的工作。

上面所列的失败原因中，有好几项都是造成马登失败的原因。其中，最大的原因在于，他忽略了和人融洽相处与合作这一点，他常为一些出版方面的小事而和合伙人争吵。当机会出现在他面前时，他并没有掌握住它。他的自私和自负，应该要对这次失败负上不少责任，而且他在业务上不够谨慎以及说话语气太过强烈，也都是造成他失败的原因。

但是，马登却能够从这次的失败中，找到使他成长的种子，让他的事业得以重新萌芽、茁壮。后来，他离开芝加哥前往纽约，在那里他又创办了一份杂志。为了要达到完全控制业务的目的，他必须激励其他只出资、但没有实权的合伙人共同努力。他同样必须谨慎地拟定他的营业计划，因为现在他只能靠他自己了。

不到一年的时间，这份杂志的发行量，就比之前那份杂志多了两倍多。其中一项获利来源，是他所想出来的一系列函授课程，而这一系列的函授课程，就成了他创刊号的杂志里成功学主题所刊载的篇目。

当马登离开在芝加哥的事业时，曾经一度处在彷徨阶段。他那时其实可以放弃创办杂志并接受他太太的建议，安稳地从事律师工作。但是，他在失败中找到了使他成长的"种子"，而且他培育了这颗"种子"，以圆他人生最大的梦想。

看来失败也是一种收获，你可以从失败中学到更多。失败所显露出的坏习惯，被你予以驱逐后，再以好习惯重新出发。

失败使你除去了傲慢自大，并以谦恭取代，而谦恭可使你得到更和谐的人际关系。

失败使你重新检讨你所处的位置，包括资产和能力，使你接受更大的挑战机会，增强你的意志力。

健身的人都知道，只是将哑铃举起来是没有用的！练习者必须在举起哑铃之后，以比举起时慢两倍的速度，将哑铃放回举起前的位置，这种训练称为阻抗训练，这所需要的控制力力量，比举起哑铃时还要多。

失败就是你的阻抗训练，当你再度回到原点时，要主动将自己拉回原点，并将注意力集中到拉回原点的过程上。利用此方法，可使自己再次出发后，能有长足的进步。

从以上的叙述可知，每当失败一次，你离成功顶端就更近了一步。在成功与失败的互换推动与转化中，你的人生将日益成熟与完美。

另外，如果你出现了下列弱点，而且情况严重，你就注定要成为输家。

活在自欺当中。这种人只知道过去，死抱着以前做事、生活的方式不放，而没有心思注意眼前的事实。

不断地仰赖别人的掌声或赞许才能生存，以克服内心深处的自卑感。

马失前蹄。在压力越大的时候，表现越不理智，变得非常紧张，放不开。

虎头蛇尾。做任何事从来不坚持到底，也不够专注，总是找借口减轻责任。

轻诺背信。动不动就撒手走人，留了一堆烂摊子，让别人收拾残局。

单打独斗，喜好做独行侠，一碰上团队合作就束手无策，心生抗拒。

嫉妒心重。见不得别人比自己好，动不动就吃醋。

自制力差。按捺不住内心的冲动，而且老是故态复萌。

逃避问题。习惯当鸵鸟，不论任何大小问题，一概视若无睹，埋头不理。

渴望被别人喜爱，而且不计代价地处处讨好别人。

恩将仇报。对有恩于你的人不知感激，甚至反咬对方一口。

既然知道了，就别让自己变成输家，尽快改正吧！

时代新人应具备的十二种性格特质

> 只有做到心理健康，一个人才能泰然面对复杂、纷繁的世
> 界，才能从容参与、适应现代快节奏的社会生活，取得人生的
> 成功。

做一个心理健康的人，是人类发展自身完善的美好愿望与追求。只有心理健康，一个人才能保持身体健康，才能少生病或不生病。只有做到心理健康，一个人才能泰然面对复杂、纷繁的世界，才能从容参与、适应现代快节奏的社会生活，取得人生的成功。怎样才算心理健康呢？美国心理学家罗杰斯提出的"未来新人类"，马斯洛提出的"自我实现的人"的心理健康的标准影响较大。这里提出的"未来新人类"，绝不是某些作家笔下的那些颓废、无聊、萎靡、放纵、不负责任的人。恰恰相反，"未来新人类"具备如下优秀的性格特征：

1. 开朗开放超越自我

具有开朗、开放的人生态度，对世界（个人内在、外在世界）、对个人的经验开朗、开放，不固执己见、冷漠、呆板、闭锁，有崭新的视野与生活，有崭新的观念与思想，不断有新鲜的鉴赏力。在日常生活世界中，可以重复敬畏、快乐、满足、惊讶的神秘玄妙的心理体验，可以感受浩瀚澎湃的心潮波澜。他们领悟到人生世界的无尽和不停的发展。在生命中不断寻求生命本身的意义，希望超越自我。

2. 活力自信淡泊名利

其生活态度并不重视物质享受，而重视生命的过程。清楚地觉察人生是一个经常变化的过程，深知变化过程中存在困难和冒险，但却充满活力。能面对生活中许多的不肯定，不会惊惶失措，并能容忍新奇和不熟悉事物所带来的疑虑，认为失败和挫折是生命的一部分，具有勇敢及遭受失败时的复原力，具有人生的自信。不在乎物质享受与报酬。金钱、名与位

等都不是人生目的。尽管也懂得享受丰裕悠然的生活，但却不把这些作为生活的必需品。对现实有较强的洞察力并与现实有较良好的关系，对周围环境中的人和事物都有敏锐的警觉。

3. 宁静致远进退有度

渴望人生能达到宁静致远的境界，平衡与进退有度。视生活是均衡的，在任何事上很少是过度的。与宇宙大地融合一致，与大自然和谐共处，备感亲切。关注生态并照顾生态，能从大自然的动力中获得欢愉，无意征服大自然。反对将科技用来片面征服自然世界、控制人类。而且很愿意支持科技促进人的发展。

4. 爱心互助明辨真伪

渴求人与人之间真实可靠的亲密关系，能与他人建立深厚的人际关系，有吸引力，能叫人欣赏及追随，有选择地交朋友。

5. 整合心灵思维统一

渴望成为整合的人。不喜欢支离分割的内心世界，努力争取过一个整合的人生。个人的思维、感受、身心、心灵等在个人的经历中，都能有良好的整合。

6. 自我接纳直面现实

能够认识和接纳自己人性中的种种缺点，种种不完美、软弱和短处；不会因为存在不足而感到羞愧罪过，或因此否定自己。不但接纳自己，同时也接纳和尊重别人，故也不会批评别人这些缺点。诚实、开放、真挚，不装腔作势，不遮掩文饰，也不自满。对自己、对他人及社会的现况极为留心，同时更关心如何改善现实与理想之间的差距。具有自发性，不受传统惯例的束缚，不是顺命者，不是盲从附和的人，但也不会只为叛逆而作叛逆者。其行动动机不是由于外界刺激而产生，而是基于内在个人成长发展的动力和自我潜能的实现。

7. 关注社会尽职尽责

以问题为中心。犀利健康的人都不会以自我为中心，而将目光都集中在自己以外的问题上。更富有使命感，常常基于尽责任、尽义务和尽本能的意识行事，并不依照个人的偏好为人处事。

8. 超然脱俗处变不惊

有超然脱俗的本质、静居独处的需要。心理健康的人懂得享受人生中孤独和退隐的时刻，这一特征可能和一个人的安全感与自足感有关。当面对一些会令一般人不快的事情时，可以保持冷静和处变不惊，或甚至可以表现得与众不同和超脱社群。

9. 修身自制开发潜能

有自制力，不受文化背景和周围环境影响，其虽然也依赖他人来满足一些基本的需要，如爱护和安全感、尊重和归属感，但其主要满足却并不依赖这现实的世界，其重视的不是一般外在的满足，而是自己潜能和个人资源不断得以发展和成长。心理健康的人都有高度的德行。他们将手段与目的分得很清楚，让目的支配手段。

10. 谦虚民主以人为师

具有民主的性格。心理健康的人对他人有极大的尊重，并不会因阶级、教育、种族或肤色歧视别人。因为其清楚自己的认识很有限，因而有谦虚的态度，随时做好准备愿意向他人学习，尊重每一个人，认为他们都可随时帮助自己增进知识、做自己的老师。

11. 风趣幽默富含哲理

有哲理的、无敌意的幽默感。其幽默感并不是普通的幽默感，而是自发的、富含思想性的、能透彻地显示个人生活体验的幽默感。这种幽默不含敌意，不高抬自己，也不讥讽嘲弄他人。

12. 创造思维天真率直

创造力，是一种蕴藏于每一个人内心潜在的创造力，不是指那些出自特殊才干的创造力，是一种新鲜的、天真的，直接的看事物方法，具有各种不同类型。但一般来说，人所具有的这种创造力通常都在文化熏陶的过程中被摧毁和淹没。

第十二章

性格有弹性，轻松做自己

性格弹性之一：能伸能屈

> 每个人应该都有自己的人生目标和理想，为了达到这些目标和理想，甘受寂寞、甘受白眼，甚至甘愿被社会、被亲人误解，都应该在所不惜。

如果打一个比喻，那么，动物界的刺猬可以说是能伸能屈的智慧化身了。你看它身处顺境时拱着小脑袋，凭借着满身的硬刺，横冲直撞，当它身处险境时，则缩回脑袋，把自己滚成一个刺球，让敌人无隙可击。能伸能屈，与其说是生物界的一种智慧，不如说是一种生存本能。

伸是进取的方式，屈是保全自己的手段。人生在世，都是在反复伸屈的状态中走过来的。

在生活事业处于困难、低潮或逆境、失败时，若去运用"屈"的智慧，往往会收到意想不到的效果，反之，该屈时不屈，去伸，必然遭到沉重打击，甚至连性命都保不住，那样，还有什么资格去谈人生、谈事业、谈未来、谈理想呢？

春秋时，越王勾践夫妇曾被抓做人质，去给夫差当奴役，从一国之君到为人仆役，这是多么大的羞辱啊。但勾践忍了，屈了。是甘心为奴吗？当然不是，他是在伺机复国报仇。

到吴国之后，他们住在山洞石屋里，夫差外出时，他就亲自为之牵马。有人骂他，也不还口，始终表现得很驯服。

一次，吴王夫差病了，勾践在背地里让范蠡预测一下，知道此病不久便可痊愈。于是勾践去探望夫差，并亲口尝了尝夫差的粪便，然后对夫差说："大王的病很快就会好的。"夫差就问他为什么。勾践就顺口说道："我曾经跟名医学过医道，只要尝一尝病人的粪便，就能知道病的轻重，刚才我尝大王的粪便味酸而稍有点苦，所以您的病很快就会好的，请大王放心！"果然，没过几天夫差的病就好了，夫差认为勾践比自己的儿子还孝敬，很受感动，就把勾践放回了越国。

勾践回国之后，依旧过着艰苦的生活。一是为了笼络大臣百姓，一是因为国力太弱，为养精蓄锐，报仇雪耻。他睡觉时连褥子都不铺，而铺的是柴草，还在房中吊了一个苦胆，每天尝一口，为的是不忘所受的苦。

吴王夫差放松了对勾践的戒心，勾践正好有时间恢复国力，厉兵秣马，终于可以一战了。两国在五湖决战，吴军大败全输，勾践率军灭了吴国，活捉了夫差，两年后成为霸王，正所谓"苦心人，天不负，卧薪尝胆，三千越甲可吞吴。"

勾践所受之辱，所担之苦，可以说达到极点了。但他熬了过来，不仅报了仇，雪了耻，还成了当时的霸王。正是"先当孙子后当爷"，如果当时不屈，当"孙子"时就死了，还能成"爷"吗？

谈到屈的问题时，还要牵扯到我们传统的"面子"问题。

中国人"面子"观念由来已久。从孔子开始就很讲面子。有些人甚至为了面子，可以舍弃自己一生的幸福。尤其是封建社会，对于广大妇女的要求更是如此。所谓"饿死事小，失节事大"。好像人必须一辈子为了脸面而活。

中国还有句古语："人要脸，树要皮。"可你想想如果连事业都不能保障，连生命都受到威胁，那还要面子有何用？

学会取舍，实际上就是学会生活。人的一生就如一条大河，不可能一直向前，直通大海，必然要根据地势、地貌，弯弯曲曲，七拐八扭。

人生也是如此，一般来说，当人处于逆境的时候，或者说，在倒霉的时候就应该委屈求全，收起锋芒。这就是屈的功能。从而以屈求伸，等待时机，再创生命的辉煌。

俄国十月革命时，苏维埃刚刚夺取政权，德国就有向东侵略的倾向。很多人主张组织军队与德国直战，而列宁却不同意这样做，专门派人去德国进行和谈，签定了对苏维埃不利的条约。

这是一种妥协，这种行动并不表明列宁和布尔什维克革命立场不坚定，而是在强大的敌人面前，不得不这样做。否则，新生的革命政权就会很快被推翻。

一个国家是如此，一个人也是如此。在形势不利于自己发展的时候，必须要采取以屈求全的策略，耐心等待时机，千万不要急躁。

古人说："小不忍，则乱大谋。"每个人应该都有自己的人生目标和理想，为了达到这些目标和理想，甘受寂寞、甘受白眼，甚至甘愿被社会、被亲人误解，都应该在所不惜。

中国古代文化的经典著作《周易》提出"潜龙勿用"的思想。即在一定条件下，寻找时机，卷土重来。

孔子在《易系辞》中，则以尺蠖爬行与龙蛇冬眠作比喻，进一步解释什么叫"潜龙勿用"，他说："尺蠖之屈，以求伸也；龙蛇之蛰，以存身也。"宋朝的朱熹则进一步发挥这一思想，认为"屈伸消长"是"万古不易之理。"他提出，在时机未到之际，要"退自循养，与时皆晦"，要学会"遵养时晦"，即隐居待时。

明代冯梦龙在其著作《智囊》中，认为人与动物一样，当其形势不利时，应当暂时退却，以屈为伸，否则，必将倾覆以至灭亡。他说：智是术的源泉；术是智的转化。如果一个人不智而言术，那他就会像傀儡一样，百变无常，只知道嬉笑，却无益于事，终究不能成就事业。反过来，如果一个人无术而言智，那他就像御人舟子，自我吹嘘运楫如风，无论什么港湾险道，他都能通行，但实际上真的遇有危滩骇浪，他便束手无策，呼天求地，如此行舟，不翻船丧命才怪呢！蠖会缩身体，鸢会伏在地上，都是术的表现。动物都有这样的智慧，以此来保全自身，难道我们人类还不如动物吗？

当然不是。人更应该学会保护自己，以期发展自己。

古时候，"李耳化胡，禹人裸国而解衣，孔尼猎较，散宜生行贿，仲雍断发文身，裸以为饰"不知其中道理的人说："圣贤之智，也有其用尽的时候"。知其缘由的人却说："圣贤之术，从来也没贫乏的时候。"

温和但不顺从，叫做委蛇；隐藏而不显露，叫做缪数；心有诡计但不冒失，叫做权奇。不会温和，干事总会遇到阻碍，不可能顺当；不会隐蔽，便会将自己暴露无遗，四面受敌，什么事也干不成；不会用诡计，就难免碰上厄运。所以说，术，使人神灵；智，则使人理智克制。

冯梦龙的屈伸分寸之说，通俗易懂，古今结合，事理结合，具有一定的说服力。纵观历史，该有多少像勾践一样的人物，为成就自己的事业，实现自己的理想，在必要的时候，使用了屈伸之术，从而保存自己，待时机一到，便东山再起，历史同时也说明，善于使用屈伸之术，该屈则屈，该伸则伸，较好地掌握其分寸，是许多历史人物成功的重要途径。

不要与别人争一日之短长，也是"屈"的技巧。

机关实行公务员制度，申某论学历，是大学本科；论才华，在机关数一数二；论年龄，正当年富力强，但是，每一次提升都没有他的份，而那些比他能力差，比他水平低，比他进机关晚的人，却一个一个成了他的上司和领导。

原因何在呢？

其原因就在于：申某只知道显露才华，认为自己这也比别人强，那也比别人好，处处表现出一种进取的态度，从而使一些人产生反感，认为他尽管有能力，也有才干，但是不谦虚，太骄傲，目中无人。每次考察干部，人们都是这个意见。

而那些善于委屈顺从的人，善于处理人际关系的人，却得到了大家广泛的好评。

可见，能屈能伸是一种战术，只要掌握技巧与分寸，便会无往而不胜。

性格弹性之二：不前不后

不前不后是一种处世哲学，更是一种处世技巧，它的根本点就在于明哲保身。这种策略可以保证你在一个群体之中四平八稳步步为营地向前推进。

人在一个集体中不可强出风头，孚众望、得人心，是日积月累的结果，你在言谈举止之间，别人——尤其是你的朋友、同事——都在那观察你，品评你；你有成就，你肯努力，你待人宽厚，别人自会欣赏，用不着强求注意。强出风头，往往引起别人的反感。

"出头的椽子先烂"、"木秀于林，风必摧之"、"直木先伐，甘井先竭"……这类古训俗语常用来告诫人，要警惕环境险恶，人心叵测，要韬光养晦，不露锋芒，不动声色。因为，风头出尽的人容易遭人妒，容易首先受到攻击。

现实中，确有那么一些人，虽说其能力、才学的确令人钦佩，可正因为他们比别人所起的作用大一些，便总以为一切高、精、难的工作必须自己插手才会马到成功，他人纯属"跑龙套"的配角，俨然离了他地球就会不转。难怪"枪手们"总忍不住先打这样的"出头鸟"。尤其在我们这个有着几千年封建史的国度里，更是有很多人因才华出众而遭受贬斥，或丢掉了性命。在这里我们并不是否定那些勇往直前、万事当先的人，只是强调前与后的分寸，古人不也是说"始作俑者，其无后乎"吗？

那么，在工作中，在同事之间，应该怎样把握不前不后的分寸呢？

首先，必须掂一掂自己在工作中的位置和在单位中的角色。属于自己工作职责范围内的事情，则责无旁贷，必须尽心尽力去完成。自己工作之外的事情，则以"多一事不如少一事"为原则，不该涉及的尽量不去涉及，尤其不要以"内行人"、"明白人"或者其他居高临下的姿态去对同事、领导指手划脚。即使人家请你去帮忙，也应以谦逊的态度诚恳待人。

其次，在名誉、利益面前，尽量不要表现得过于热衷，以避免成为众人妒嫉、排挤的对象。即使有所追求，也应该在表面上含而不露，应该通过为人与处世的技巧去赢得大家和领导的认同。要知道，很多事情的成功，正如战场上作战一样，迂回包抄要比正面直接进攻有效得多。

不前不后是一种处世哲学，更是一种处世技巧，它的根本点就在于明哲保身。这种策略可以保证你在一个群体之中四平八稳步步为营地向前推进。

不前不后是欲望控制的结果，是理智的化身。他要求你在工作办事过程中沉着、稳定，不以情绪支配言行，不受心理欲望蛊惑。"淡泊明志，宁静致远"，正是这种不前不后处世态度的体现。

任何事情都是一分为二，不前不后只是说在同事之中，在利益与荣誉面前，不过分张扬自己，不踩着别人的肩膀向上攀登。不前不后只是一种过程，但从结果——自己的前途与事业而言，则必须是在他人的前头，必须从同事之中脱颖而出。到那时，其情势将不是"木秀于林，风必摧之"，而是"众星捧月"，"众望所归"。这正是恰当地把握不前不后分寸为自己的事业赢得人缘与机缘。

我们在观看一场马拉松比赛时，通常会看到在前半程跑在最前面的人反而不容易夺到金牌，而跑在第二位置稍后一点的队员却在更多的时候夺取了桂冠，而位置太靠后的落伍者也同样与冠军无缘。这人与人之间的社会性竞争和相处何其相似，人生的奋进过程其实就是一次马拉松比赛，只有恰到好处地保持不前不后的位置，把握不前不后的分寸，才有可能更多地获得成功。要知道，在这场比赛中，人们要看的不是过程，而是最后的结果。

性格弹性之三：进退自如

你如果想在社会上走出一条路来，那么就要放下身段：放下你的学历、放下你的家庭背景、放下你的身份，让自己回归到"普通人"。

《菜根谭》中说："经路窄处，留一步与人行；滋味浓的，减三分让人尝。此涉世一极安乐法。"

这便是一种进退之道。偶翻少儿书籍，看到一则寓言：从前，有一条大河，河水波浪翻滚。河上有一座独桥，桥很窄，仅用一根圆木搭成。有一天，两只小山羊分别从河两岸走上桥，到了桥中间两只山羊相遇了。但因桥面太窄，谁也无法通过，而这两只山羊谁也不肯退让。结果，两只山羊在桥上用角顶撞起来。双方互不示弱，拼死相抵，最终双双跌落桥下并被河水吞没了。

这则寓言很简单，但蕴含着深刻的道理，这正是"经路窄处，留一步与人行"的道理。在狭窄的路口处，不妨让别人先行，自己退让一步。表面看来，自己吃亏，但实际上，如果彼此都不相让，势必会两败俱伤，倒不如稍作退让，免去麻烦。

"人情反复，世路崎岖。行去不远，须知退一步之法，行去远，务加让三分之功。"这种做法明为退，实为进，是一种比较圆熟的做法，一条道路本就狭窄，再加上拥挤更是无处下脚，若是自己退一步让人先走，那么自己也就相当于有了两步的余地，可以轻松走路。两相对照，自然是应选择有利于自己的做法。列宁也早就说过："退一步是为了进三步。"

一般来说，你如果想在社会上走出一条路来，那么就要放下身段：放下你的学历、放下你的家庭背景、放下你的身份，让自己回归到"普通人"。更不要在乎别人的眼光和批评，做你认为值得做的事吧，走你认为值得走的路。

只有放下身段，路才会越走越宽。

人的"身段"是一种"自我认同"。并不是什么不好的事，但这种"自我认同"也是一种"自我限制"。也就是说："因为我是这种人，所以我不能去做那种事"，而自我认同越强的人，自我限制也越厉害。千金小姐不愿意和佣女同桌吃饭，博士不愿意当基层业务员，高级主管不愿意主动去找下级职员，知识分子不愿意去做"不用知识"的工作……他们认为，如果那样做，就有损他们的身份。

其实这种"身段"只会让人路越走越窄，像博士如果找不到工作，又不愿意当业务员，那只有挨饿了；如果能放下身段，那么路就越走越宽。

有一个故事说的是以退求进的道理，说是有一位在美国留学的计算机博士，辛苦了好几年，总算毕业了。可是，虽说是拿到了响当当的博士文凭，却一时难以找到工作。

他每每地被各大公司拒绝，生计没有着落，这个滋味可是不好过。他苦思冥想，想找个办法，谋个职位，这样路过不论是中国餐馆，还是美国餐馆时，都要加快步伐。哎！有了，他终算想到了一个绝妙的点子。

他决定收起所有的学位证明，以一个最低身份去求职。

这个法子还真灵，一家公司老板录用他做程序输入员。这活可真是太简单了，对他来说简直是"高射炮打蚊子"。不过，他还是一丝不苟，勤勤恳恳地干着。

不多久，老板发现这个新来的程序输入员非同一般，他竟然能看出程序中的错误。这时，这位小伙子掏出了学士证书。老板二话没说，立刻给他换了个与大学毕业生相对口的专业。

又过了一段时间，老板发现他时常还能为公司提出许多独到而有价值的见解，这可不是一般大学生的水平呀！这时，这位小伙子又亮出了硕士学位证书，老板看了之后又提升了他。

他在新的岗位上干得很出色，老板觉得他还是与别人不一样，非同小可。于是，老板把他找到办公室，对他进行质询，这时，这位聪明人才拿出来他的博士证。

老板这时对他的水平有了全面的认识，便毫不犹豫地重用了他。凭借着他的绝妙的点子，这位博士终于获得了成功。

现代社会跟过去不相同了。如今提倡"自我推销"，既是推销，则要有推销术，如果这位博士还是拿着自己的文凭，一家接一家地去亮相，或许他现在还没有工作。

这位博士的点子好就好在以退为进，看上去是自己降低了自己，也让别人看低了，但是身处低位，被人看轻，不要紧，一旦有机会，就可以大放异彩，展露才华，让别人、让老板对你一次次刮目相看，你的形象便慢慢高大起来了。

相反，一上来就亮个博士证书，容易被人看高，期望值过高，容易引起失望。倒是别出心裁，以退求进更容易达到目的。

性格弹性之四：可得可失

一个从战术上考虑问题的人是强者，而一个从战略上考虑问题的人则是智者。

顾全大局，舍卒保车是一种深远的谋略，从分寸学的角度来看就是一种可失可得的策略，是一种宽柔的智慧。古往今来，多少仁人志士甘愿在名誉上受到玷污，而成就更大的事业。古人云："立名难而坏名易。"好名声的建立是很难的，而破坏名声只在一时一事之中。所以名节上的损失绝非易事，勇于牺牲名节，必定是为了更大的目的。这就是顾全大局，对于这个大局来说，名节就是卒，为了得到大局这个车，失去这个卒是不可避免的。

做人处世如此，做生意亦如此。在生意场上要做到顾全大局，就必须临危不乱，关键时刻不能患得患失于小益小利，更善于分清眼前利益与长远利益，能够舍卒保车，为了更大、更长远的利益舍弃眼前的利益。在相对小的利益面前装糊涂，不动心是每一位渴望大成功的经营者所必备的素质。

"爱出者爱返，福往者福来。"人世间的事情，有了付出才有回报，没有无回报的付出，也没有无付出的回报。付出越多，得到的回报越大，只想别人给予自己，那么"得到"的源泉终将枯竭。春秋末年，齐国的国君荒淫无道，横征暴敛，逼取于民以无度。齐国的贵族田成子看到这种情况后，对他的下属说："公室用这种榨取的手段，虽然得到了不少财富，但这种取是"取之犹舍也。"仓储虽实，但国家不固，终是"嫁衣"。于是田成子制作了大、小两种斗，大开自己仓储接待饥民，用大斗出借谷米，用小斗回收还来的谷米，"予民于惠"，于是齐国人民不肯再为公室种田效力而投奔于田成子门下，一时"民归之如流水"。田成子用这种大斗出小斗进的方式，借出的是粮食，收进的是民心。貌似给予，实则得到。果然，齐国的国君宝座最后为田氏家族所得。史学家范晔说：天下皆知取之为取，而不知与之为取。正是对这种得失观的一语道破。

得与失的互为转化之效果，有时也并不是马上就可以见到的，但懂得其中奥妙的人，会掌握取舍的主动权，让它发挥出意想不到的效果。战国时，齐国的孟尝君是一个以养士出名的相国。由于他待士十分真诚，感动了一个具有真才实学而十分落魄的士人，名叫冯谖。冯谖在受到孟尝君的礼遇后，决心为他效力。一次孟尝君要叫人为他到其封地薛邑讨债，问谁肯去？冯谖说我愿去，但不知用催讨回来的钱，需要买什么东西？孟尝君说就买点我们家没有的东西吧！冯谖领命而去。到了薛邑后，他见到老百姓的生活十分贫困，听说孟尝君的讨债使者来了，均啧啧有怨言。于是，他召集了邑中居民，对大家说："孟尝君知道大家生活困难，这次特意派我来告诉大家，以前的欠债一律作废，利息也不用偿还了，孟尝君叫我把债券也带来了，今天当着大伙的面，我把它烧毁，从今以后，再不催还！"说着，冯谖果真点起一把火，把债券都烧完了。薛邑的百姓没有料到孟尝君是如此仁义，个个感激涕零。冯谖回来后，孟尝君问他，讨的利钱呢？冯谖说，不但利钱没讨回，借债的债券也烧了。孟尝君便大不高兴。冯谖对他说：您不是要叫我买家中没有的东西回来吗？我已经给您买回来了，这就是"义"。焚券市义，这对您收归民心是大有好处的啊！果然，数年后，孟尝君被人谮谗，齐相不保，只好回到自己的封地薛邑，薛邑的百姓听说恩公孟尝君回来了，全城出动，夹道欢迎，表示坚决拥护他，跟着他走。孟尝君甚为感动，这时才体会到冯谖的"市义"苦心。这就叫"好与者，必多取"，小的损失可以换取大的利益。因此从某种意义上说，得失问题就是贡献与索取、获得与舍弃之间关系的平衡和把握。

有没有像动物那样只想得不想失的？当然有。何谓是贪得无厌？何谓极端自私？说白了，就是只想得不想失，而且只想多得，一点都不想失。不过，最后的下场总是不那么光彩的。

有没有不在乎个人得失的人？也有。有的人不计名利，只是奉献，为了他人的幸福，宁可自己少得或不得，宁可失去自己的利益，从不斤斤计较，有的为了某种主义、某种思想，甚至牺牲自己的性命，也在所不惜。

如今，有关得失，社会更流行的准则是：该得的就要得，该失的就要失，而不该得的就一点都不要得，不该失的也自然不应失。

是不是得失之间的关系就简单到了如此明了？当然不是。当得失与人的智慧，与人格、节操，与人的道德、法律结合之后，就会变得异常之复杂，处理其间的关系就变得异常微妙、艰难了。

譬如，得失中的远见与近视。有不少人，急功近利的色彩非常强烈，考虑的只是眼前的利益，所看到的只是鼻子下的东西，而看不到未来。于是，不管大的、小的，不管是主要的、次要的，统统都想捞到手，一点小亏都不能吃，时间一长，就慢慢向贪得无厌的方向演变，一般来说，这种人的得实是得不偿失的得。

性格弹性之五：无可无不可

> 凡事不可认死理，大事聪明，小事糊涂，难以下结论、难以辨是非的东西，采取一种不置可否的态度，既是一种智慧，也是一种品德。

孔子曾说："君子之于天下也，无适也，无莫也，义之与比。"也就是说，君子对于天下的万事万物，并没有规定怎么样处理好，也没有规定怎么样处理不好，必须根据实际情况，只要合理恰当，就可以了。因此，对于身边的事理如何看待，采取什么样的态度，孔子的方法值得我们借鉴。

孔子在评价古代几位名人时认为，伯夷、叔齐是一代贤人，坚持真理，有所不足，但他们"言中伦，行中虑"，说话合乎法度常理，行为经过深思熟虑；虞仲、夷逸的特点则是"隐居方言，身中清"，能逃避现实，隐居下来，放肆直言，洁身自好。而他自己则不属于这些人，是"无可无不可"。也就是说，对上述这些人的行为，有的他是肯定的，他自己也是这样做的，有的他则是不赞同的，他本人就拒绝这样做。这种"无可无不可"的处世哲学，要求我们在现实生活中，既要坚持原则，又必须机动灵活。

不坚持原则，一团和气，就会使我们丧失目标，犯大错误。比如经商，根本原则是为了卖货赚钱，利国利民，这个必须坚持，伪劣商品虽然赚钱，但违法害民。不能干赔本贱卖，虽然能获得消费者欢迎，但不能赚钱，违背经商之道，也不可为。

不机动灵活，生搬硬套，就会使我们失去机会，坐以待毙。再以经商为例，在坚持利人赚钱的前提下，采取什么样的方法、价格，决不能一成不变，热情服务，随行就市，才能成功。经商如此，为人处世也不例外。

生活中，凡事不可认死理，大事聪明，小事糊涂，难以下结论、难以辩是非的东西，采取一种不置可否的态度，既是一种智慧，也是一种品德。否则，聪明过度，妄下结论，往往会使自己处于尴尬的境地，甚至引火烧身。因此，对"无可无不可"的问题，应作如下理解：

1. 能上能下，随遇而安。也就是说，自己既可以升官发财，享受荣华富贵，也能安心守贫，面对艰难困苦。不论是一帆风顺，还是荆棘坎坷，都能以平静的心情，坦然处之。

2. 能贵能贱，入乡随俗。提高自己的修养，增加自己的知识，面对富贵者不卑不亢，面对贫贱者不骄不狂，量体裁衣，不墨守成规。特别是待人接物，要能做到入乡随俗，与人打成一片。因为各个地方生活习惯往往没有什么优劣高低之分。

3. 尊重他人。这样才能赢得他人尊重，因而也就是尊重自己。

4. 能进能退，左右逢源。为人处事，要静如处子，动如脱兔，出乎意料之外，又在意料之中，进不越规矩，退不丧失志向；令人惊叹而不惊奇，让人尊敬而不畏惧，羡慕而不嫉妒，进退自如。

5. 能争能容，皆大欢喜。对于该得到的东西，要理直气壮，努力争取，决不客气。优柔寡断，是无能、懦弱的表现，必须克服。同样，要有宽容之心、大度之情，要能容得下别人，理解和体谅到别人难处，力争使每个人都得到满意。

性格弹性之六：善待失败

> 享受工作乐趣的人，常常展望未来的成功，遗忘过去的失败，把错误和失败当作经验来总结，然后将他们逐出脑外。

"失败并不可怕，关键在于失败后怎样做"。许多人都知道这句话，但当他们真的面对失败时，表现出来的往往是消沉退缩、萎靡不振等消极情绪。

著名武侠小说大师古龙先生曾在《天涯·明月·刀》中这样写道："真正的勇敢不是对什么事都毫不畏惧的人，而恰恰是在自己非常胆怯的情况下敢于去做!"如果我们稍稍引伸这句话是否可以说:"真正的强者并不是一直处于成功巅峰的人，而是属于敢于直面失败、挫折的人!"

这句话没有错，逆境中的强者才是真正意义上的强者。

无论你是在工作中遇到困难抑或在人际关系中碰到麻烦，只有正确对待失败，才能走出低谷。

1. 记住教训、改善求进

你可曾因遭遇严重挫折而沮丧消沉，或为自己所犯的过失而过分自责?你可曾劳而无获，或在人际关系中进退维谷?你是否因为希望破灭而心情沉重?所有这些情形，都不应妨碍你达成最后目标。要知道失败正如冒险和胜利一般，是生命中必然要经历的。所有伟大的成功通常都是在经历无数次痛苦失败后才得到的。大剧作家兼哲学家萧伯纳曾经写道:"成功是经历过许多大错之后才得到的。"

成功是出自于失败中学习，因为你只要能从失败中学得经验，吸取教训，便不会再重蹈覆辙。失败不应令你一蹶不振，这就像摔断腿一样，它总是会愈合的。成功是不可能一蹴而就的，每一个奋发向上的人在成功之前都曾经历无数次的失败。你需要试验耐心和坚持，才能汲取经验，得以成功。无论你是学习操作机器、推销产品、谈判交易或激励他人，都要经历这段过程。虽说成功引发成功，但失败未必招致失败。

享受工作乐趣的人，常常瞻望未来的成功，遗忘过去的失败，把错误和失败当作学习的方法，然后将他们逐出脑外。

2. 化失败为动力的方法

(1) 诚恳而客观地审视失败情形，不要归咎别人，而应反省自己。

(2) 分析失败的过程和原因，重拟计划，采取必要措施，以求改进。

(3) 在重作尝试之前，想象自己圆满地处理工作或妥善地应付人际关系的情景。

(4) 把足以打击自信心的失败记忆埋藏起来，让它们变成你未来成功的肥料。

(5) 重新出发，走一条不同于以往的路。

你可能必须再三试行这五个步骤然后才能如愿达到目的。重要的是每尝试一次，你就能够增加一份收获，并向目标更迈进一步。

有时候你或许太勇于自责，你会说："这都是我的错。""我什么事都做不好。"如果真是你的错，自责倒也无妨，但若明明不是你的错而强要自责，那便太危险了。喜欢自责的人内心常有"我是笨蛋，我是失败者"的想法，这样一来，下次你又会犯同样的错误。

另一方面，如果你不愿在错误中学习，你便会千方百计地掩饰错误，隐藏的错误会成为你工作中的毒瘤，甚至危害到你的人际关系和工作本身。掩饰错误就像掩饰癌症的症状一样可怕。你如果有责任心，就应勇于认错。你应该对自己说："我的能力不止于此，下次我会表现的更好。"或"我未考虑周全，下次我会注意。"

3. 做自己的对手，战胜自己

我们知道，在成功途中，我们不仅时时受到外界的压力，而且还时时受到自身的挑战。

首先，你要在心理上做自己的对手。你要有信心，要自信地从挫折中走出来，有了必胜的信心，才会有成功的可能。其次，你应该对自己原有的成功做出挑战。今天的你要超越昨天的你。超越别人的事业并不重要，超越自己已有的成就才是重要的。

你应该时时以自己为对手、战胜自己、直面自己。就像前面讲的，你要时时为自己设立一定的危机或挫折情境，这样才能使自己强大起来，永远立于不败之地。

4. 只有放弃才是失败

除非你放弃，否则你永远不会被打垮！失败时你的态度至关重要。你若在失败面前低头，那么你就真正失败了，因为你连机会都抛弃了。而在失败时继续坚持、继续努力，你就会获得成功。强者的毅力是可以战胜前进途中任何障碍的。

毅力的孪生兄弟是勇气，而勇气又是战胜挫折至关重要的法宝，所以你还应在平日间培养自己的勇气，消除怯懦心理。

（1）要有渴望成功的原动力。考察大多数事业成功者的发展道路就会发现他们几乎都属于不满现状、不断进取的人。

（2）粉碎自我小天地。在社会上，有不少人很偏爱自己的小世界，把自己关在与世隔绝的象牙塔内孤芳自赏。这种人必然产生畏首畏尾的思想，以消极的态度去应付外面的世界。但只要走出象牙塔，加强与外界的联系你就会找到自己的勇气。

（3）借鉴别人创造个性。做事情，你需要的是勇气，而不是鲁莽。只有在吸取前人的经验、利用前人经验的基础上，才能激起自己的勇气，才能有突破求新的勇气。因为借鉴的过程是个学习的过程，只有学习才能丰富自己。

（4）不断实践。实践出真知，光有理论而不实践，在困难面前一样会感到心虚，因为你所知道的你并没有去做。因此，实践越少，心虚感就越强，碰到重大事情就会顾虑重重。

马克思在《资本论》第五卷中曾说："世间没有真正的失败，因为宇宙万物随时在变化，日日不断地茁壮发展。这是个大原则，不管如何失败，都只不过是不断茁壮发展的过程之一，在某个期间内或许算是失败，但等转移后，又是一片无限的生机……。"

所以，正确对待失败的人，才是生活中真正的强者。

性格弹性之七：超越成败

　　失败，是超越自我的坐标，一旦发现此路不通时，便另辟蹊径，当许许多多这样的坐标明显地标示出来后，通往成功之路就更加清晰了。

人生似一盘棋，成败乃人生常事。完善的人生在于超越成功，超越失败。

先谈谈超越成功。成功是人人向往的，但成功后并不是什么问题也没有了，成功有时也会给人带来严重的障碍。

美国著名心理学家和心理治疗医生艾琳·C·卡瑟拉，在其《全力以赴——让进取战胜迷惘》一书中讲了这样一个病例：在奥斯卡金像奖发奖仪式次日的凌晨三时，她被奥斯卡奖获得者克劳斯从沉睡中唤醒，克劳斯进门后举着一尊奥斯卡奖的金像哭着说:"我知道再也得不到这种成绩了。大家都发现我是不配得这个奖的,很快都会知道我是个冒牌的。"克劳斯认为他所获得的成功"是由于碰巧赶上了好时间、好地方,有真正的能人在后边起了作用"的结果。他不相信自己获得奥斯卡奖是多年锻炼和勤奋工作的结果。尽管他的同事通过评选公认他在专业方面是最佳的,但他却不相信自己有多么出色和创新的地方。卡瑟拉在治疗病人中还发现,有位国际知名的芭蕾女明星每过一段时间,她就要在有演出的那天发一顿脾气,把脚上的芭蕾鞋一甩,饭也不吃,从 250 双跳舞鞋中她找不到一双合脚的;还有一位知名的歌剧演员,有时候一准备登台就觉得嗓子发堵;有一位著名运动员,他的后脊梁过一段时间就痛起来,影响他发挥竞技能力。卡瑟拉认为,这些严重影响成功的症状是由于经不住成功而引起的。

成功不但会引起以上心理障碍,成功有时还会给人带来自满自大的消极后果。有人对美国 43 位诺贝尔奖获得者作了跟踪调查,发现这些人获奖前平均每年发表的论文数为五至九篇,获奖后则下降为四篇。有的政治家取得一系列成功后,因过份自信而造成重大失误;有的作家写出一两篇佳作后,再无新作问世,原因固然很多,但不能正确对待成功,不能说不是一个重要原因。而只有那些不断超越成功的人,才能不断取得伟大的成功。牛顿把自己看作是在真理的海洋边拣贝壳的孩子。爱因斯坦取得成绩越大,受到称誉越多,越感到无知,他把自己所学的知识比作一个圆,圆越大,它与外界空白的接触面也就越大。科学无止境,奋斗无止境,人类社会就是在不满足已有的成功中不断进步的。

也有些人是对成功的理解有问题。成功是什么?有人认为是金钱,有人认为是地位,有人认为是荣誉……有许多人认为他们已经得到了所有的社会价值,并认为他们是社会的要人。因之,"他们像心满意足的母牛——他们已停止了生长,终止了学习。"难道这是成功吗?难道这就是人来到这个世界应当争取的全部东西吗?美国名律师威廉斯指出:"我认为'成功'或者'胜利'这个词的定义是最大限度地发挥你的能力——包括你的体力、智力以及精神和感情的力量,而不论你做的是什么事情。如果做了这一点,你就可以感到满足,我认为你便是个成功者了"。如果说成功就是把能力最大限度地发挥出来,那么,成功是没有止境的,成功后你就不会停留在顶端，象快乐的机器人那样行动，而是在成功之后取得更大的成功。

爱因斯坦说："如果有谁自己标榜为真理和知识的裁判官，他就会被神的笑声所覆灭。"即使你已经取得了很大的成功，也决不能自满，千万不要生活在过去的荣耀之中。成功不是人生停留的归宿。也不允许昨天的成功影响今天的工作。生活在不断地奔跑，在不断地超越自己的事业，而不在于成功目的的实现。

人生要超越成功，同时也要超越失败。爱迪生在发明蓄电池的过程中，曾先后进行了五万余次的试验，遗撼的是这些试验都失败了，面对一大堆失败的试验数据，助手们既灰心又沮丧。一个助手对继续试验感到厌烦和疑虑，他问爱迪生："这么多失败难道没告诉您什么吗？"爱迪生的回答极富哲理性："是的，我知道了不起作用的东西有五万件。"松下幸之助也曾说："不怕失败，只怕工作不努力，态度不认真。只要你专于工作，即使失败也会有心理准备，当再度从失败中站起来时，心中必已撷取了有助日后成功的资料。"

失败，是超越自我的动力，没有失败过的人，是从来没有尝试过的人。每一次失败，就是一次超越的机会，逃离失败，躲避失败，就会把一个人的活力与成长力剥夺殆尽，形同一个行尸走肉。

失败，是超越自我的实习，是大自然对人类的严格考验，它借此烧掉人们心中的残渣，使之变得更为纯净，可以经得起严格的考验。每一次失败，都能磨练你的技巧，提高你的勇气，考验你的耐心，培养你的能力。林肯在竞选伊里诺斯州的参议员失败后说："如果圣明的百姓用他们的智慧决定我该接受这个熬炼，那么，我便会从失望中学会某些真理，而不致过分愤怒。

失败，是超越自我的坐标，一旦发现此路不通时，便另辟蹊径，当许许多多这样的坐标明显地标示出来后，通往成功之路就更加清晰了。美国成功学专家拿破仑·希尔在总结了自己的七次失败之后说："看起来像是失败的，其实却是一只看不见的慈祥之手，阻挡了我的错误路线，并以伟大的智慧强迫我改变方向，向着对我有利的方向前进。"

人正是在超越失败中，不断超越自我的，历史告诉我们，名人志士的生活始终充满着斗争，他们正是以自己坚强的意志不断超越失败，从不断战胜困难中创造奇迹的。苏联作家佩克利斯指出："人的伟大和强大正在于——人能调动起自己体力、智力和情感上的潜力，却始终不渝和一往无前地战胜一个又一个困难。而且，困难越大越复杂，就越能调动潜力的积极性，人的力量也就能得到最大限度的发挥。在完全调动起力量的时刻，人能达到创造的高峰。"因此，应该抛弃以成败论英雄的偏见，而着眼于充分发挥自己的潜力。着眼于在奋斗过程中实现自我价值。

在市场经济时代，不敢冒险实际上是一种消极冒险；不敢失败实质上是人生的真正失败。一帆风顺的人几乎达不到创造的顶峰，他们的潜力也就没有真正发挥出来。铁路大王詹姆士·T·赫鲁说："从来不曾失败过的人，不是傻子，就是卑鄙的小人。"这话虽然偏激，但也道出了只有超越失败，才能超越自我的道理。